2015年安徽省重大教学改革项目"校企合作背景下以技能为导向的课程体系建设与研究"（2015zdjy194）
安徽省高等学校省级质量工程项目"分析化学精品资源共享课程"（2016gxk123）

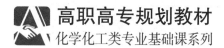

高职高专规划教材
化学化工类专业基础课系列

仪器分析技术

顾　问　顾攀　谢志宏
主　编　刘飞　王丹
副主编　胡云飞
编　者　（以姓氏拼音为序）
　　　　胡云飞　贾贞贞　刘飞
　　　　汪兵　王丹　赵俊松

北京师范大学出版集团
BEIJING NORMAL UNIVERSITY PUBLISHING GROUP
安徽大学出版社

图书在版编目(CIP)数据

仪器分析技术/刘飞,王丹主编. —合肥:安徽大学出版社,2021.1(2023.1 重印)

高职高专规划教材. 化学化工类专业基础课系列

ISBN 978-7-5664-2041-1

Ⅰ. ①仪… Ⅱ. ①刘… ②王… Ⅲ. ①仪器分析－高等职业教育－教材 Ⅳ. ①O657

中国版本图书馆 CIP 数据核字(2020)第 064497 号

仪器分析技术

刘　飞　王　丹 主编

出版发行：	北京师范大学出版集团 安 徽 大 学 出 版 社 (安徽省合肥市肥西路 3 号 邮编 230039) www.bnupg.com www.ahupress.com.cn
印　　刷：	安徽昶颉包装印务有限责任公司
经　　销：	全国新华书店
开　　本：	787 mm×1092 mm　1/16
印　　张：	11.75
字　　数：	228 千字
版　　次：	2021 年 1 月第 1 版
印　　次：	2023 年 1 月第 3 次印刷
定　　价：	36.00 元
ISBN 978-7-5664-2041-1	

策划编辑：刘中飞　刘　贝	装帧设计：李　军
责任编辑：刘　贝　武溪溪	美术编辑：李　军
责任校对：陈玉婷	责任印制：赵明炎

版权所有　侵权必究

反盗版、侵权举报电话：0551－65106311
外埠邮购电话：0551－65107716
本书如有印装质量问题，请与印制管理部联系调换。
印制管理部电话：0551－65106311

前　言

本书是根据高等职业教育仪器分析基础课程教学基本要求，结合药学、药品经营与管理、食品质量与安全、食品加工技术等专业的教学特点和学生群体实际情况，参考国家规划教材编写而成的，可供高等职业院校学生使用。本书共8章，介绍了紫外-可见分光光度检测技术、原子吸收分光光度检测技术、荧光分光光度检测技术、电位分析检测技术、薄层色谱检测技术、气相色谱检测技术和高效液相色谱检测技术等常见仪器分析技术，能够帮助学生理解仪器分析检测技术的概念、原理和方法，满足学生自学、提升和探究的需要，达到调动学生学习积极性、拓展学生的知识面的目的。

为了更好地推行工学结合，本书编写组广泛征求亳州学院、芜湖职业技术学院、安徽丰原药业股份有限公司、巢湖市疾病预防控制中心等兄弟院校和企事业单位专家意见，采纳了专家提出的教材内容密切联系生产实际的建议，尝试改革课程体系和知识结构，联系生产实际更新课程内容，着力体现本课程综合性、实践性和创新性的特征。

在编写体例上，本书采用"以项目为导向、工作任务为驱动"的课程内容模式，打破以往理论与实训分割、实训辅助理论的现状，通过整合优化教学内容，将理论知识与相关实训内容紧密结合，强化技能训练，突出职业技能训练的主导地位。理论教学与实践技能训练紧密结合，可为"学做一体"提供较好的载体，为教学改革及各专业开设实训内容提供更多的选择空间。

本书由刘飞、王丹担任主编，胡云飞担任副主编，由安徽丰原药业股份有限公司工程师顾攀、巢湖市疾病预防控制中心副主任检验技师谢志宏担任编写顾问，参编人员有王丹、刘飞、胡云飞、赵俊松、汪兵和贾贞贞等。由于编者水平和编写时间有限，书中难免存在疏漏，恳请广大师生和专家批评指正。

编　者
2020年9月

目 录

第1章 绪 论 ··· 1
 第1节 仪器分析的任务与分类 ·· 1
 第2节 仪器分析技术的特点与发展趋势 ···································· 3
 第3节 仪器分析技术在医药卫生领域中的应用 ··························· 4
 练习题 ··· 5

第2章 紫外-可见分光光度检测技术 ·· 7
 第1节 认识光谱仪的结构 ·· 8
 第2节 $KMnO_4$ 吸收曲线的绘制及其含量的测定 ······················ 19
 第3节 维生素 B_{12} 注射液含量的测定 ································· 30
 第4节 水中硝酸盐氮含量的测定 ·· 39
 练习题 ··· 40

第3章 原子吸收分光光度检测技术 ·· 46
 第1节 水中铜含量的测定 ··· 48
 第2节 血清中铬含量的测定 ·· 64
 练习题 ··· 68

第4章 荧光分光光度检测技术 ·· 73
 第1节 荧光分光光度法概述 ·· 74
 第2节 维生素 B_2 含量的测定 ·· 81
 练习题 ··· 85

第5章 电位分析检测技术 ·· 88
 第1节 直接电位法概述 ·· 88
 第2节 生理盐水 pH 的测定 ·· 92
 练习题 ··· 98

第6章 薄层色谱检测技术 ... 101

第1节 薄层色谱法概述 ... 101
第2节 染料混合物的分离 ... 106
练习题 ... 113

第7章 气相色谱检测技术 ... 115

第1节 气相色谱仪结构认识及基本操作 ... 116
第2节 苯、甲苯、正丙醇的相对质量校正因子测定 ... 131
第3节 气相色谱法测定苯系物 ... 142
练习题 ... 152

第8章 高效液相色谱检测技术 ... 156

第1节 高效液相色谱仪性能检查及色谱柱参数的测定 ... 156
第2节 对乙酰氨基酚片中对乙酰氨基酚的含量测定 ... 165
第3节 复方丹参片中丹参酮ⅡA的分离与含量测定 ... 173
练习题 ... 177

附 录 ... 180

第1章 绪 论

知识目标

1. 掌握仪器分析的任务与分类。
2. 了解仪器分析技术的特点与发展趋势。
3. 了解仪器分析技术在医药卫生领域中的应用。

分析检测技术的发展使其学科内涵和定义不断发展与变化。一般把分析检测技术分为经典分析技术和仪器分析技术两大类。经典分析技术也称为化学分析技术,已有很长的历史;仪器分析技术则是随着精密仪器的出现而发展起来的方法。从化学分析到仪器分析是一个逐步发展、演变的过程,两者之间不存在清晰的界限,化学分析需要使用简单仪器,而仪器分析亦包含某些化学分析技术。

第1节 仪器分析的任务与分类

一、仪器分析的任务

仪器分析是以物质的物理或物理化学性质为基础的分析方法。仪器分析是一门多学科相互渗透、相互促进的学科,也是分析化学的一个重要分支,其主要任务是对试样组成进行定性分析、定量分析、结构分析以及一般化学分析技术难以胜任的特殊分析,如物相分析、微区分析、表面分析、价态分析和状态分析等。

二、仪器分析的分类

仪器分析包括物理分析法和物理化学分析法。根据物质的某种物理性质与组分的关系直接进行定性或定量分析的方法,称为物理分析法。根据物质在化学变化中的某种物理性质与组分之间的关系进行定性或定量分析的方法,称为物理化学分析法。

通常根据测量物质的特征性质与参数,将仪器分析分为电化学分析法、光学分析法、色谱分析法及其他仪器分析方法,见表1-1。

表 1-1 仪器分析的分类

方法分类	分析方法	特征性质与参数
电化学分析法	电位分析法	电位
	电导分析法	电导
	极谱/伏安分析法(包括永停滴定法)	电流-电压
	库仑分析法	电量
光学分析法	原子发射光谱法、火焰光度法	辐射的发射
	分子发光分析法	
	紫外-可见分光光度法、原子吸收分光光度法	辐射的吸收
	红外光谱法、核磁共振波谱法	
	拉曼光谱法、浊度法	辐射的散射
	折射法	辐射的折射
	X射线衍射法、电子衍射法	辐射的衍射
色谱分析法	气相色谱法、液相色谱法	两相间的分配
其他仪器分析方法	质谱分析法	离子质荷比(m/z)
	热分析法	物理性质与温度的关系
	放射化学分析法	放射性同位素

(1)电化学分析法。基于物质在电化学池中的电化学性质及其变化规律进行分析的方法称为电化学分析法,该方法通常用于测量电位、电荷、电流和电阻等电学参数。

(2)光学分析法。基于物质和电磁辐射相互作用后产生辐射信号的变化而建立的分析方法称为光学分析法,分为光谱法和非光谱法。

当电磁辐射作用于物质,使待测物质内部发生能级跃迁时,引起能量随电磁辐射波长变化的分析方法称为**光谱法**。光谱法测量的信号是物质内部能级跃迁产生的发射、吸收和散射的波长和强度。当电磁辐射作用于物质时,利用其传播方向、速度等物理性质发生改变建立起来的分析方法称为**非光谱法**。非光谱法测量的信号无能级跃迁,是电磁辐射基本性质(反射、干涉、偏振等)的变化。

光谱法根据测量对象又可分为原子光谱法和分子光谱法。**原子光谱法**是以测量气态原子、离子外层或内层电子能级跃迁所产生的原子光谱为基础的成分分析方法,为线状光谱。**分子光谱法**测量的是分子从一种能态转变为另一种能态时的吸收或发射光谱,为带状光谱,可分为电子光谱、振动光谱和转动光谱。

(3)色谱分析法。**色谱分析法**是一种物理或物理化学分离分析方法,是根据混合物各组分在互不相溶的两相即固定相和流动相中吸附、分配或其他亲和作用的差异而建立的分析方法。

(4)其他仪器分析方法。除上述三大类分析方法外,仪器分析技术还有质谱分析法、热分析法和放射化学分析法等。质谱分析法是利用物质在离子源中被电离形成带电离子,在质量分析器中按离子质荷比(m/z)大小分离后进行分析测定的方法。热分析法是基于物质的质量、体积、热导或反应热等与温度之间关系建立的分析方法。放射化学分析法是利用放射性同位素进行分析的方法。

第2节　仪器分析技术的特点与发展趋势

一、仪器分析技术的特点

仪器分析技术是当今发展最迅速的分析技术之一,它推动着分析化学的发展。与化学分析技术相比,仪器分析技术具有以下特点:

(1)检测灵敏度高。其测定物质的最低检出量一般为 10^{-7} g 级,最低达 10^{-18} g 级,适用于微量、痕量及超痕量组分的分析。

(2)分析速度快,操作简便,重现性好,适用于批量试样分析。

(3)试样用量少。试样用量由化学分析技术的毫升(mL)级、毫克(mg)级降至微升(μL)级、微克(μg)级,甚至纳克(ng)级,适用于微量、半微量及超微量组分的分析。

(4)选择性高。仪器分析技术适用于复杂混合物的成分分离、鉴定或结构测定。在多组分共存的溶液中,运用仪器分析技术可对某一组分进行测定或同时测定溶液中两种或两种以上组分。

(5)易于自动化。待测组分的理化性质经检测器转换成电信号后,易于放大处理,可以与计算机联结或多机联用,实现全程分析自动化,大大提高分析速度。

(6)应用范围广。绝大多数的无机物和有机物都可以直接或间接地应用仪器分析技术进行测定。仪器分析技术可实现试样非破坏性分析及表面、微区、形态等分析,易于实现自动化、信息化和在线检测。因此,仪器分析技术已广泛地应用于生物、医药、环保等领域。

仪器分析技术虽然具有许多优点,但也有一些不足:①结构复杂的精密仪器设备价格较为昂贵,分析检测成本比一般化学分析检测成本高,推广受到一定限制。②仪器分析检测是一种相对分析检测方法,一般需要化学标准品作标准对照,而化学标准品大多需要由化学分析来确定。③化学分析检测相对误差小于 0.3%,适用于常量和高含量成分分析,而仪器分析检测一般相对误差较高,为 3‰~5‰,相对而言不适用于常量和高含量成分分析。另外,某些试样的前处理也是以化学分析为基础进行的。

因此,对于物质的分析检测,化学分析技术是基础,仪器分析技术是方向,两者相辅相成,互相配合,才能更好地解决分析检测中的各种问题。

二、仪器分析技术的发展趋势

分析化学的发展经历了三次巨大的变革。仪器分析技术的产生和发展主要源于分析化学与物理学、电子学结合的第二次变革。随着快速、灵敏的仪器分析技术的蓬勃发展,分析化学逐步成为研究物质化学组成、状态和结构的科学。仪器分析技术不仅用于物质分析,而且广泛应用于研究和解决各种化学理论和实践问题。

仪器分析技术的发展趋势大致有以下几个方面:

(1)计算机技术与分析仪器结合更加紧密,使得仪器分析技术向微型化、自动化、智能化、网络化发展。

(2)仪器分析与各学科相互联系、相互渗透,革新原有仪器分析方法,发展新的仪器分析检测方法。

(3)各种新材料、新技术将在分析仪器中得到更广泛的应用,使仪器分析技术的灵敏度、选择性和分析速度进一步提高,能瞬时反映生产过程、生态和生物动态过程的新型动态分析技术和无损伤探测技术将会有新的发展。

(4)仪器分析联用技术将进一步发挥各种方法的优势,成为解决复杂体系分析、分子群相互作用分析及推动组合化学等新兴学科发展的重要技术手段。

(5)仪器分析技术将进一步与生物医学结合,在细胞和分子水平上研究生命过程、生理及病理变化、药物代谢、基因改造等方面发挥巨大的作用。

第3节 仪器分析技术在医药卫生领域中的应用

近年来,随着现代仪器分析技术的发展,越来越多的新技术、新方法被应用于药物分析、鉴定、质量控制和药物生产现代化等领域,推动着药学的发展。光学分析法、色谱分析法、电化学分析法以及联用技术等在药物分析中已得到广泛应用。

在DNA测序中,应用荧光标记及激光荧光检测器的自动化测序,使自动化测序仪的测序效率大大提高。生物质谱应用于测定蛋白质、核酸和多糖等生物大分子的结构。电化学分析技术在研究生命科学中的生物超分子功能方面大有可为,如应用细胞生物电化学分析技术研究细胞在电刺激作用下的生物生理行为。生物传感器可用于糖类、有机酸、氨基酸、蛋白质、抗原、抗体、DNA、激素、生化需氧量以及某些致癌物质的测定。

仪器分析技术的使用越来越广泛。2015年版《中华人民共和国药典》(以下简称《中国药典》)中新增离子色谱法、核磁共振波谱法、拉曼光谱法应用的指导原则等。其中,中药品种的分析采用液相色谱-质谱联用、DNA分子鉴定、薄层生物自显影技术等方法,以提高分析灵敏度和专属性,解决常规分析方法无法解决的问题。化学药品的分析采用分离效能更高的离子色谱法和毛细管电泳法等。有机碳测定法和电导率测定法已应用于纯化水、注射用水等标准。

仪器分析技术在医药领域有着广泛的应用,药物分析、药代动力学、药物化学、天然药物化学、药剂学等课程都离不开仪器分析技术的理论和技能。通过对仪器分析技术的学习,学生可熟悉药学领域常用的仪器分析方法,为专业技能学习奠定基础。

练 习 题

一、单选择题

1. 下列方法中属于仪器分析技术的是(　　)。
   A. 酸碱滴定法　　B. 沉淀滴定法　　C. 配位滴定法　　D. 永停滴定法
2. 紫外-可见分光光度法利用的特征性质是(　　)。
   A. 辐射的发射　　B. 辐射的吸收　　C. 辐射的散射　　D. 辐射的折射
3. 下列方法中属于发射光谱分析法的是(　　)。
   A. 紫外-可见分光光度法　　　　　　B. 红外分光光度法
   C. 原子吸收分光光度法　　　　　　D. 荧光分光光度法
4. 下列不属于光学分析法的是(　　)。
   A. 红外分光光度法　　　　　　　　B. 原子吸收分光光度法
   C. 荧光分光光度法　　　　　　　　D. 放射化学分析法
5. 质谱分析法属于(　　)。
   A. 电化学分析法　　　　　　　　　B. 光学分析法
   C. 色谱分析法　　　　　　　　　　D. 其他仪器分析技术

二、多项选择题

1. 仪器分析的任务包括(　　)。
   A. 定性分析　　　B. 定量分析　　　C. 结构分析
   D. 物相分析　　　E. 微区分析
2. 仪器分析方法包括(　　)。
   A. 电化学分析法　B. 光学分析法　　C. 酸碱滴定法
   D. 色谱分析法　　E. 质谱分析法
3. 仪器分析技术的特点有(　　)。
   A. 检测灵敏度高　B. 分析速度快　　C. 试样用量少
   D. 选择性高　　　E. 易于自动化
4. 仪器分析技术的不足之处有(　　)。
   A. 分析成本较高　B. 分析速度快　　C. 相对误差较高
   D. 需标准对照品　E. 试样用量少

5. 电化学分析法包括（　　）。
   A. 电导分析法　　　　B. 电位分析法　　　　C. 电解分析法
   D. 氧化还原滴定法　　E. 永停滴定法

三、填空题

1. 一般把分析检测技术分为＿＿＿＿分析技术和＿＿＿＿分析技术两大类。
2. 仪器分析是以物质的＿＿＿＿或＿＿＿＿性质为基础的分析方法。
3. 基于＿＿＿＿和＿＿＿＿相互作用后产生辐射信号的变化而建立的分析方法称为光学分析法。
4. 色谱分析法是一种＿＿＿＿或＿＿＿＿分离分析方法，是根据混合物各组分在互不相溶的两相即＿＿＿＿相和＿＿＿＿相中吸附、分配或其他亲和作用的差异而建立的分析方法。

四、简答题

1. 简述仪器分析的任务。
2. 简述仪器分析的分类。
3. 简述仪器分析技术的特点。
4. 简述仪器分析技术的发展趋势。

（王　丹）

第 2 章　紫外-可见分光光度检测技术

知识目标

1. 掌握光谱法的分类、光谱仪的基本构造。
2. 熟悉电磁波谱的分区、各种光学仪器的主要部件及作用。
3. 掌握常用的分光系统的组成以及各部分的特点。
4. 了解波数、波长、频率和光子能量间的换算关系,电磁辐射与相互作用的相关术语,以及光谱分析检测技术的发展概况。
5. 了解紫外-可见分光光度检测技术的特点、光的基本性质、物质对光的选择性吸收和吸收曲线。
6. 掌握朗伯-比尔定律,以及运用朗伯-比尔定律进行定量分析的方法。
7. 掌握紫外-可见分光光度计的基本结构、工作原理,了解其主要部件的基本性质。
8. 掌握测量条件的选择以及显色反应条件的选择方法。
9. 了解双光束分光光度计的原理和应用。

能力目标

1. 认识光谱仪的基本结构。
2. 掌握紫外-可见分光光度检测技术的基本操作,能熟练进行标准溶液的配制、仪器的校准和样品的检测等操作。
3. 能熟练进行紫外-可见分光光度检测结果的计算。

在仪器分析中,紫外-可见分光光度法(ultraviolet-visible spectrophotometry)是应用最为广泛的一种光学分析法。它是利用待测物质对光的吸收特征和吸收强度对物质进行定性和定量分析的一种分析方法。按所吸收光的波长区域,它分为紫外分光光度法和可见分光光度法,合称为紫外-可见分光光度法。

紫外-可见分光光度法是在比色法(colorimetry)的基础上发展起来的,两者所依据的原理基本相同。紫外-可见分光光度法采用了更为先进的单色系统和光检测系统,因此在灵敏度、准确性、精密度及应用范围等方面都大大地优于比色法。

紫外-可见分光光度法有如下特点：
(1)灵敏度较高，一般可以检测到每毫升溶液中所含的 10^{-7} g 物质。
(2)精密度和准确度较高，相对误差通常为 1‰～5‰。
(3)选择性较好，一般可在多种组分共存的溶液中对某一物质进行测定。
(4)仪器设备简单，费用少，分析速度快，易于掌握和推广。
(5)应用范围广，广泛应用于医药、化工、冶金、环保、地质等领域。

第1节　认识光谱仪的结构

【目的】

以 721 型分光光度计为例，认识光谱仪的结构并进行仪器的拆装训练。

【相关知识】

研究物质与电磁辐射相互作用时，吸收或发射的强度和波长关系的仪器称作光谱仪或分光光度计。这类仪器的基本部件大致相同，一般包括 5 个基本单元：辐射源、分光系统、样品容器、检测器和数据记录及处理系统。样品容器的位置视不同方法而定，有的处于分光系统和检测器之间，有的处于辐射源和分光系统之间，发射光谱仪中样品容器则直接位于辐射源中，如图 2-1 所示。光学仪器的主要部件见表 2-1。

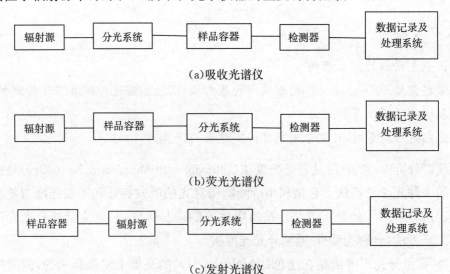

图 2-1　光谱仪的基本构造

表 2-1 光学仪器的主要部件

波段	γ射线	X射线	紫外	可见光	红外	微波
辐射源	原子反应堆、粒子加速器	X射线管	氢(氘)灯	钨灯、氙灯	硅碳棒、Nernst辉光器	速调管
单色器	脉冲高度鉴别器	晶体、光栅	石英棱镜、光栅	玻璃棱镜、光栅	盐棱镜、光栅、Michelson干涉仪	单色辐射源
检测器	闪烁计数管、半导体计数管	光电管、光电倍增管	光电池、光电管	差热电偶、热辐射检测器	热电型、光电导型	晶体三极管

一、辐射源

光谱测量使用的光源应稳定且具有一定强度,因此,对辐射源最主要的要求是必须有足够的输出功率和稳定性。光学分析仪器一般都有良好的稳压或稳流装置。这是因为光源辐射功率的波动与电源功率的变化呈指数关系,必须有稳定的电源,才能保证光源输出的稳定性。在光学分析中,既采用连续光源,也采用线光源,分子吸收光谱常采用连续光源,而荧光光谱和原子吸收光谱常采用线光源。发射光谱采用电弧、火花、等离子体光源。

1. 连续光源

连续光谱是指在较宽的波长范围内发射强度平稳的具有连续光谱的光源。

(1)紫外光源:主要采用氢灯或氘灯。氢灯发射 150~400 nm 的连续光谱。氘灯发射的光的强度比氢灯强 3~5 倍,而且寿命也比氢灯长。

(2)可见光源:通常使用钨灯和氙灯。钨灯的光谱范围为 320~2500 nm。氙灯发射的光的强度比钨灯大,光谱范围为 200~700 nm。

(3)红外光源:常用硅碳棒及 Nernst 灯,通过电加热惰性固体的方式来产生连续光源。在 1500~2000 K 的温度范围内,红外光源产生的最大辐射强度的波数范围为 6000~200 cm^{-1},其中 Nernst 灯发光强度大,硅碳棒寿命长。

2. 线光源

(1)金属蒸气灯:常用汞灯和钠灯。汞灯的光谱范围为 254~734 nm,钠灯发出的一对谱线的波长分别为 589.0 nm 和 589.6 nm。

(2)空心阴极灯:原子吸收光谱中常用的一种光源。

二、分光系统

分光系统的作用是将复合光分解成单色光或有一定波长范围的谱带。分光系统又分为单色器和滤光片。单色器由入射狭缝和出射狭缝、准直镜和色散元件组成。色散元件是分光系统的心脏部分,有棱镜或光栅两种。图 2-2 是单色器的光路示意图。聚焦于入射狭缝的光,经准直镜变成平行光,投射于色散元件上。色散元件的作用是使各种不同波长的平行光有不同的透射方向(或偏转角度),然后通过与准直镜相同的聚光镜聚焦于出射狭缝上,形成按波长排列的光谱。转动色散元件或准直镜方位,可在一个很宽的范围内任意选择所需波长的光从出射狭缝分出。

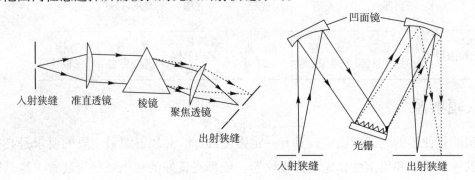

图 2-2　单色器的光路示意图

1. 棱镜

棱镜对不同波长的光有不同的折射率,因此,可将混合光中所包含的各个波长从长波到短波依次分散成为一个连续光谱,如图 2-3(a)所示。常用的棱镜有考纽棱镜和立特鲁棱镜。前者是一个顶角 α 为 60°的等腰棱镜,为了防止双像,该棱镜由两个 30°的棱镜组成,一边为左旋石英,一边为右旋石英,在其纵轴表面镀铝或银。棱镜分光得到的光谱按波长排列是疏密不均的,长波长区密,短波长区疏。棱镜材料有石英和玻璃两种,玻璃棱镜比石英棱镜的色散率大,但玻璃吸收紫外光,只可用于可见光区;石英棱镜可用于紫外光区和可见光区。

2. 光栅

光栅是一种在高度抛光的表面上刻有许多等宽度、等距离的平行条痕狭缝的色散元件。利用复色光通过条痕狭缝反射后产生的衍射和干涉作用,使不同波长的光有不同的投射方向而起到色散作用。光栅色散后的光谱与棱镜不同,从短波到长波各谱线间距离相等,是均匀分布的连续光谱。光栅光谱是多级的(包括一级、二级、三级等),多级光谱均匀地分布在零级光谱两边,常出现光谱线的重叠。例如,波长为 600 nm 的一级光谱将与波长为 300 nm 的二级光谱和波长为 200 nm 的三级光谱相互重叠,产生干扰。在实际应用中,应设法消除各级光谱之间的部分重叠现象,如用滤光片滤去高级次谱线。光栅的优点是波长范围比棱镜宽,且色散近乎线性。

光栅分为平面透射光栅和反射光栅。反射光栅在仪器中应用广泛。反射光栅又可分为平面反射光栅(简称平面光栅或闪耀光栅)和凹面反射光栅(简称凹面光栅)两种。

实用的光栅是一种称为闪耀光栅的反射光栅,其刻痕是有一定角度(闪耀角 β)的斜面,刻痕的间距 d 称为光栅常数,如图 2-3(b)所示。d 越小,色散率越大,但 d 不能小于辐射的波长。这种闪耀光栅可使特定波长的有效光强度集中于一级衍射光谱上。

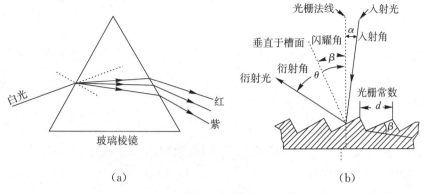

图 2-3 棱镜色散与光栅色散

3. 狭缝

狭缝由两片经过精密加工且具有锐利边缘的金属片组成,其两边必须保持平行,并处于同一平面。狭缝为光的进出口,狭缝宽度直接影响分光质量。狭缝过宽,单色光不纯,使吸光度值改变;狭缝过窄,光通量变小,降低灵敏度。因此,狭缝宽度要恰当。

4. 准直镜

准直镜是以狭缝为焦点的聚光镜,将进入入射狭缝的发散光变成平行光。准直镜又用作聚光镜,将色散后的平行单色光聚焦于出射狭缝。

5. 滤光片

滤光片是选择性地透射不同波长的光的器件,是最简单的分光系统。滤光片选择性地透射特定波长范围内的光,即不同颜色的光,同时阻挡其余部分的光波。它们通常仅通过长波长(长通)、短波长(短通)的光或分离出波长带,阻挡较长和较短波长(带通)的光。带通可以更窄或更宽,最大和最小波峰之间的转折可以是尖锐的或平缓的。

三、检测器

早期的仪器采用肉眼观察或照相的方法进行辐射的检测,现代光谱仪器则多采用光电转换器。光电转换器一般分为两类:一类是量子化检测器(光子检测器),即对光子产生响应的光检测器,其中有单道光子检测器,如硒光电池、光电管、光电倍增管和硅二极管,还有多道光子检测器,如光二极管阵列检测器和电荷转移元件阵列检测器。另一类是热检测器,即对热产生响应的检测器,如真空热电偶、热电检测器等。由于红外区辐射的能量比较低,很难引起光电子反应,因此,采用热检测器可根据辐射吸收引起的热效应来测量入射辐射的功率。

【仪器】

721型分光光度计(已报废)、螺丝刀、小扳手等。

【内容与步骤】

(1)看外观:了解型号、各旋钮位置、名称、主要功能简介、使用和保养注意事项等。

(2)打开仪器:教师演示打开仪器的步骤,分别介绍其结构和部件。

①光源:包括碘钨灯、暗筒和反射镜。

②分离器:主要包括狭缝、准直镜和色散元件;介绍分离器组合件的位置、结构和特点。

③换能器:721型分光光度计中应用的是光电管;介绍其工作状态、灵敏度等。

④放大器:主要为集成电路板。

⑤显示器:包括发光二极管、LCD、LED和机械表头。

⑥仪器辅助设备:比色槽、拉杆、电源、吸收池、干燥剂等。

(3)仪器组装:教师演示组装仪器步骤。

(4)学生练习:打开仪器并组装仪器。

【注意事项】

(1)实验前应清楚光谱仪的基本结构。

(2)打开仪器时应小心谨慎,不得直接接触分离器的各部件,以防损坏仪器。

(3)移动仪器时应轻拿轻放,避免震动。

(4)仪器组装复原应由里向外按步骤进行,不得遗漏。

【操作要点】

对光谱仪各部件的位置及功能有清晰的认识。

知识链接

一、电磁辐射及其与物质的相互作用

(一)电磁辐射和电磁波谱

光是一种电磁辐射(又称电磁波),是一种以极快的速度通过空间而不需要任何物质作为传播媒介的光(量)子流,具有波动性和微粒性。

1. 波动性

光的波动性主要体现为光的干涉、衍射等现象,用波长 λ、波数 σ 和频率 ν

第2章 紫外-可见分光光度检测技术

表征。λ是在波的传播路线上具有相同振动相位的相邻两点之间的线性距离。σ是每厘米长度中波的数目,单位为cm^{-1}。ν是每秒内的波动次数,单位为Hz。在真空中,波长、波数和频率的关系为:

$$\nu = c/\lambda \tag{2-1}$$

$$\sigma = 1/\lambda = \nu/c \tag{2-2}$$

式中,c是光在真空中的传播速度,所有电磁辐射在真空中的传播速度均相同,$c = 2.99792 \times 10^{10}$ cm/s。在其他透明介质中,由于电磁辐射与介质分子有相互作用,因此,传播速度比在真空中稍慢一些。电磁辐射在空气中的传播速度与其在真空中相差不多,故也常用上述公式表示空气中三者的关系。

2. 微粒性

光的微粒性主要体现在光电效应、光的吸收和发射等现象,用每个光子具有的能量E表征。光子的能量与频率成正比,与波长成反比。三者的关系为:

$$E = h\nu = hc/\lambda = hc\sigma \tag{2-3}$$

式中,h是普朗克常量,其值等于6.626×10^{-34} J·s;能量E的单位常用电子伏特(eV)和焦耳(J)表示。

运用式(2-3)可以计算不同波长或频率电磁辐射光子的能量。如1 mol(6.022×10^{23}个)波长为200 nm的光子能量为:

$$E = \frac{6.626 \times 10^{-34} \times 2.99792 \times 10^{10} \times 6.022 \times 10^{23}}{2.00 \times 10^{-5}} = 5.98 \times 10^5 (J)$$

3. 电磁波谱

从γ射线到无线电波都是电磁辐射。光是电磁辐射的一部分,它们在性质上是完全相同的,区别仅在于波长或频率,即光子具有的能量不同。为认识各种电磁波,人们将电磁辐射按照光子能量大小排列,这就是电磁波谱,见表2-2。

表2-2 电磁波谱

波谱区	波长范围	频率/Hz	光子能量/eV	跃迁类型
γ射线区	$5 \times 10^{-5} \sim 0.1$ nm	$3 \times 10^{12} \sim 6 \times 10^{13}$	$8.3 \times 10^3 \sim 2.5 \times 10^6$	原子核能级
X射线区	$0.1 \sim 10$ nm	$3 \times 10^{10} \sim 3 \times 10^{12}$	$1.2 \times 10^2 \sim 8.3 \times 10^3$	内层电子能级
远紫外区	$10 \sim 200$ nm	$1.5 \times 10^9 \sim 3 \times 10^{10}$	$6 \sim 1.2 \times 10^2$	内层电子能级
近紫外区	$200 \sim 400$ nm	$7.6 \times 10^8 \sim 1.5 \times 10^9$	$3.1 \sim 6$	原子的电子能级或分子的成键电子能级
可见光区	$400 \sim 760$ nm	$4 \times 10^8 \sim 7.6 \times 10^8$	$1.7 \sim 3.1$	
红外区	$0.76 \sim 50$ μm	$6 \times 10^6 \sim 4 \times 10^8$	$0.02 \sim 1.7$	分子振动能级
远红外区	$50 \sim 1000$ μm	$3 \times 10^5 \sim 6 \times 10^6$	$4 \times 10^{-4} \sim 2 \times 10^{-2}$	分子转动能级
微波区	$0.1 \sim 100$ cm	$3 \times 10^2 \sim 3 \times 10^5$	$4 \times 10^{-7} \sim 4 \times 10^{-4}$	
射频区	$1 \sim 1000$ m	$0.3 \sim 3 \times 10^2$	$4 \times 10^{-10} \sim 4 \times 10^{-7}$	电子或核自旋能级

(二)电磁辐射与物质的相互作用

电磁辐射与物质的相互作用是普遍发生的复杂的物理现象,有涉及物质内能变化的吸收及产生荧光、磷光和拉曼散射等,以及不涉及物质内能变化的透射、折射、非拉曼散射、衍射和旋光等。

当辐射通过固体、液体或气体等透明介质时,电磁辐射的交变电场导致分子(或原子)外层电子相对其核的振荡,造成这些分子(或原子)周期性极化。如果入射的电磁辐射能量正好和介质分子(或原子)基态与激发态的能量差相等,介质分子(或原子)就会选择性地吸收这部分辐射能,从基态跃迁至激发态(激发态的寿命很短,约 10^{-8} s),通常以热的形式释放能量,回到基态。在某些情况下,处于激发态的分子(或原子)可发生化学变化(光化学反应),或以荧光及磷光的形式释放所吸收的能量并回到基态。

如果入射的电磁辐射能量和介质分子(或原子)基态与激发态之间的能量差不相等,则电磁辐射不被吸收,分子(或原子)极化所需的能量仅被介质分子(或原子)瞬间($10^{-15} \sim 10^{-14}$ s)保留,然后再被发射,从而产生光的透射、非拉曼散射、反射、折射等物理现象。

电磁辐射与物质作用的常用术语有:

(1)吸收。吸收是原子、分子或离子吸收光子的能量(等于基态和激发态能量之差),从基态跃迁至激发态的过程。

(2)发射。发射是物质从激发态跃迁至基态,并以电磁辐射的形式释放出能量的过程。

(3)散射。电磁辐射通过介质时会发生散射。散射多数是由光子与介质分子之间发生弹性碰撞所致的,碰撞时没有能量交换,光频率不变,但光子的运动方向改变。

(4)拉曼散射。拉曼散射是光子与介质分子之间发生了非弹性碰撞,碰撞时光子不仅改变运动方向,还发生能量交换。

(5)折射和反射。当电磁辐射从介质1照射到介质2的界面时,一部分电磁辐射在界面上改变方向返回介质1,称为电磁辐射的反射;另一部分电磁辐射则改变方向,以一定的折射角度进入介质2,称为电磁辐射的折射。

(6)干涉和衍射。在一定条件下,电磁波会相互作用,当其叠加时,产生一个强度视各波的相位而定的加强或减弱的合成波,称为干涉。当两个波长的相位差180°时,发生最大相消干涉。当两个波同相位时,发生最大相长干涉。电磁波绕过障碍物或通过狭缝时,以约180°的角度向外辐射,波前进的方向发生弯曲,此现象称为衍射。

二、光学分析法的分类

由于各分区电磁辐射能量不同,与物质相互作用的机制不同,因此,所产生的物理现象不同,由此可建立各种不同的光学分析法(表2-3)。

表2-3 常用的光学分析法

原理	分析方法	原理	分析方法
辐射的发射	发射光谱法	辐射的散射	拉曼光谱法
	荧光光谱法		浊度法
	火焰光度法	辐射的折射	折射法
	放射化学分析法		干涉法
辐射的吸收	比色法	辐射的衍射	X射线衍射法
	分光光度法		电子衍射法
	原子吸收分光光度法	辐射的旋转	偏振法
	核磁共振波谱法		旋光法
	电子自旋共振法		圆二色光谱法

> **知识拓展**
>
> **光谱分析法的发明**
>
> 德国化学家罗伯特·威廉·本生(Robert Wilhelm Bunsen,1811—1899年)和德国物理学家古斯塔夫·罗伯特·基尔霍夫(Gustav Robert Kirchhoff,1824—1887年)被公认为是光谱分析法的创始人。
>
> 著名的本生灯发明于1853年,此灯的温度可达2300 ℃且没有颜色。不同成分的化学物质在本生灯上燃烧时出现不同的焰色,这一点引起本生极大的注意,成为他以后建立光谱分析法的机遇。
>
> 1859年,本生和基尔霍夫开始共同探索通过辨别焰色进行化学分析的方法,尝试制造一台能辨别光谱的仪器。他们把一架直筒望远镜和三棱镜连在一起,设法让光线通过狭缝进入三棱镜分光。这就是第一台光谱仪。
>
> 1860年,本生和基尔霍夫用他们创立的光谱分析法,在矿泉水中发现了新元素——铯。1861年2月23日,他们在分析云母矿时,又发现了新元素——铷。此后,光谱分析法被广泛应用。

(一)光谱法与非光谱法

当物质与辐射能相互作用时,物质内部发生能级跃迁,记录能级跃迁所产生的辐射能强度随波长(或相应单位)变化的图谱称为**光谱**(也称为波谱)。利用物质的光谱进行定性、定量和结构分析的方法称为**光谱分析法**,简称**光谱**

法。光谱法种类很多,包括吸收光谱法、发射光谱法和散射光谱法,是现代仪器分析技术的重要组成部分。

非光谱法是指那些不涉及物质内部能级的跃迁,即不以光的波长为特征信号,仅测量电磁辐射的某些基本性质(如反射、折射、干涉、衍射和偏振)变化的分析方法。这类方法主要有折射法、旋光法、浊度法、X射线衍射法和圆二色光谱法等。

(二)原子光谱法与分子光谱法

原子和分子是产生光谱的基本粒子。根据产生光谱的基本粒子不同,光谱分析法可分为原子光谱法和分子光谱法。

1. 原子光谱法

原子光谱是由气态原子(或离子)外层或内层电子能级跃迁产生的,以测量原子光谱为基础的分析方法称为**原子光谱法**。原子光谱表现为线状光谱,由一条条分立的谱线组成,每一条谱线对应于一定的波长。一般来说,相同原子的不同能级之间的能量差(ΔE)不同,不同原子的相同能级之间的ΔE也不同,因此,不同物质产生的线状光谱的特征不同,据此可对物质进行分析。

原子光谱通常用于确定物质的元素组成和含量,但不能给出物质分子结构的信息,因为线状光谱只反映原子或离子的性质,与原子或离子来源的分子状态无关。属于原子光谱法的有原子发射光谱法、原子吸收光谱法、原子荧光光谱法以及X射线荧光光谱法。

2. 分子光谱法

分子光谱是在辐射能作用下分子内能级(电子能级、振动能级和转动能级)跃迁产生的光谱,以测量分子光谱为基础的定性、定量和物质结构分析方法称为**分子光谱法**。分子光谱表现为连续光谱。由于分子内部的运动所涉及的能级变化较为复杂,因此,分子光谱要比原子光谱复杂得多。

以双原子分子为例,分子内部除电子运动外,还有组成分子的各原子间的相对振动和分子作为整体的转动。与这3种运动状态相对应,分子具有电子能级(ΔE_e)、振动能级(ΔE_v)和转动能级(ΔE_r)3种能级,如图2-4所示。3种不同能级是量子化的。

当分子从外界吸收一定能量的电磁辐射后,分子就由较低的能级跃迁至较高的能级,吸收的能量等于这两个能级的能量差。这3种不同能级的差值不同,与之对应的电磁波也不同:

ΔE_e 1~20 eV   60~1250 nm(紫外-可见光区)

ΔE_v 0.05~1 eV   0.75~6.0 μm(近红外、中红外区)

| ΔE_γ | 0.005~0.05 eV | 6.0~1000 μm（远红外、微波区） |

实际上,纯粹的电子光谱和振动光谱是无法获得的,只有用远红外光或微波照射分子才能得到纯粹的转动光谱。如图2-4所示,每一电子能级包含许多间隔较小的振动能级,每一振动能级又包含着间隔更小的转动能级。当分子发生振动能级跃迁时,一般伴随着转动能级跃迁,因此,振动能级跃迁产生的光谱不是单一的谱线,而是许多靠得很近的谱线。当用紫外-可见光照射时,不仅发生能级跃迁,而且伴随着许多不同振动能级的跃迁和转动能级的跃迁。因此,电子能级跃迁产生的是一个光谱带系,电子光谱实际上是电子-振动-转动光谱,是复杂的带状光谱。属于分子光谱法的有红外吸收光谱法、紫外-可见吸收光谱法、分子荧光光谱法和磷光光谱法等。

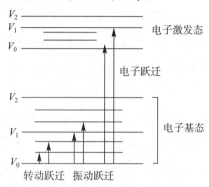

图 2-4　分子能级跃迁示意图

(三)吸收光谱法与发射光谱法

按产生光谱的方式,光谱法可分为吸收光谱法和发射光谱法。

1. 吸收光谱法

吸收光谱是指物质吸收相应的辐射能而产生的光谱。根据物质的吸收光谱进行定性、定量及结构分析的方法称为吸收光谱法。吸收光谱产生的必要条件是所提供的辐射能量恰好等于该吸收物质两个能级间跃迁所需的能量,即 $\Delta E = h\nu$,物质吸收能量后即从基态跃迁至激发态。根据物质对不同波长的辐射能的吸收,可以建立各种吸收光谱法。

(1)原子吸收光谱法。处于气态的基态原子吸收一定能量(紫外光、可见光和近红外光)后,其外层电子从能级较低的基态跃迁至能级较高的激发态产生的吸收光谱称为原子吸收光谱。原子吸收光谱法通常用于测量样品中待测元素的含量。

(2)紫外-可见吸收光谱法。紫外-可见光区波长范围为10～760 nm,其中10～200 nm为远紫外区,又称真空紫外区;200～400 nm为近紫外区;400～760 nm

为可见光区。当物质受到紫外-可见光的照射时,其分子外层电子(价电子)发生能级跃迁并伴随振动能级与转动能级跃迁,产生带状吸收光谱,也称电子光谱。利用物质的特征光谱可进行定性分析,而根据物质的吸收强度可进行定量分析。

(3)红外吸收光谱法。红外线波长范围为 0.75~1000 μm,分为近红外、中红外和远红外 3 个区段。目前,常用的有红外(中红外)光谱法和近红外光谱法。通常所说的红外光谱法是指中红外(波长范围为 1.5~6.0 μm)吸收光谱法。当红外光作用于物质时,引起分子振动能级跃迁伴随转动能级跃迁,产生的吸收光谱属于振转光谱,表现形式为带状光谱。红外吸收光谱法主要用于分析有机物分子中所含基团类型及相互之间的关系。

(4)核磁共振波谱法。在强磁场作用下,核自旋能级发生分裂,吸收射频区的电磁波后,发生自旋能级跃迁产生的波谱即核磁共振波谱。这种吸收光谱主要用于有机物的结构分析。

2. 发射光谱法

发射光谱是指构成物质的原子、离子或分子受到辐射能、热能、电能或化学能的激发,跃迁至激发态,再由激发态回到基态或较低能态时,以辐射的方式释放能量而产生的光谱。发射光谱法是通过测量物质发射光谱的波长和强度来进行定性和定量分析的方法。常见的发射光谱法有原子发射光谱法、原子荧光光谱法、分子荧光光谱法、分子磷光光谱法和化学发光分析法等。

三、光谱法的发展概况

半个多世纪以来,光谱分析一直是分析检测技术中的热点领域。在各种分析方法中,光谱法是研究最多和应用最广的方法之一。

物理学、电子学及数学等相邻学科的发展对光谱法的发展起到了巨大的推动作用。20 世纪 40 年代中期,光电倍增管的出现,促进了原子发射光谱法、红外吸收光谱法、紫外-可见吸收光谱法及 X 射线荧光光谱法等一系列光谱法的发展。20 世纪 50 年代,原子物理的发展使原子吸收及原子荧光光谱兴起,同时,圆二色光谱仪进入实验室。圆二色性和旋光性均由光学活性物质分子中的不对称生色团与左旋圆偏振光和右旋圆偏振光发生不同的作用引起,圆二色性反映光与分子间能量的交换,旋光性则与分子中电子的运动有关。20 世纪 60 年代,等离子体、傅里叶变换与激光技术的引入,出现了电感耦合等离子体原子发射光谱法(ICP-AES)、傅里叶变换红外光谱法(FT-IR)、傅里叶变换核磁共振波谱法(FT-NMR)及激光拉曼光谱法等一系列光谱分析法。20 世纪 70 年代以来,随着激光、微电子学、微波、半导体、自动化、化学计量学等科学技术和各种新材料的应用,光学分析仪器在仪器功能范围的扩展、性能指标的提高、运行可靠性的提高以及自动化、智能化程度的完善等方面有了长足的改进,进一步推动了光谱分析法的发展。例如,超导、高频率的核磁共振仪(目前已有 900 MHz 的仪器)的不断更新换代,使核间高级耦合的复杂光谱变为一级耦合的简单光谱,同时二维核磁共振技术(H-H 相关谱与 C-H 相关谱等)使核磁共振谱的解析及分子结构的测定更加容易、更加迅速。

不同分析方法的联用是当前分析检测技术的研究趋势之一。三维光谱-色谱图(波长-强度-时间)是较早的联用技术,在一张三维光谱-色谱图上可同时获得定性及定量信息。气相色谱-傅里叶变换红外光谱联用(GC-FTIR)、气相色谱-质谱联用(GC-MS)、高效液相色谱-质谱联用(HPLC-MS)、高效液相色谱-核磁共振联用(HPLC-NMR)、高效毛细管电泳-质谱联用(HPCE-MS)等将高分离效率的色谱方法与高灵敏的光谱方法有机地结合起来,为解决复杂体系的组分分析提供了有效的手段。传统分光光度法与色谱、毛细管电泳的联用和仿生学、化学计量学、动力学和流动分析的结合将是光谱分析中最具发展前景的研究方向。

化学计量学能协助分析工作者将光谱分析原始数据转化为有用的信息和知识,使分析检测技术成为名副其实的信息科学。如近红外光谱法的应用就得益于化学计量学的发展。其中,偏最小二乘法已被广泛应用,卡尔曼滤波、褶合光谱、人工神经网络的出现,使复杂成分混合物无需事先分离即可进行同时多组分定量分析。为提高计算结果的准确度和可靠性,近年来,化学计量学还涉及光谱分析中的条件优化、背景校正、谱带平滑、提高信噪比等研究领域。针对实际分析体系的非线性问题,各种非线性校正模型和方法如人工神经网络、遗传算法、小波变换等的研究与应用亦取得了较好的结果。

第 2 节　$KMnO_4$ 吸收曲线的绘制及其含量的测定

【目的】

应用紫外-可见分光光度法进行 $KMnO_4$ 吸收曲线的绘制和含量测定。

【相关知识】

一、透光率和吸光度

当一束平行单色光照射均匀的溶液时,光的一部分被吸收,一部分透过溶液,还有一部分被器皿表面散射。设入射光强度为 I_0,吸收光强度为 I_a,透射光强度为 I_t,如图 2-5 所示。入射光强度、吸收光强度和透射光强度之间的关系为:

$$I_0 = I_a + I_t \tag{2-4}$$

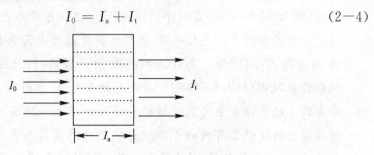

图 2-5　光束照射溶液示意图

透射光强度(I_t)与入射光强度(I_0)之比称为**透光率**(transmittance),用 T 表示:

$$T = \frac{I_t}{I_0} \tag{2-5}$$

溶液的透光率越大,表示它对光的吸收程度越小;反之,透光率越小,表示它对光的吸收程度越大。为了表示物质对光的吸收程度,常采用**吸光度**(absorbance)这一概念,其定义为:

$$A = \lg \frac{1}{T} = \lg \frac{I_0}{I_t} \tag{2-6}$$

A 值越大,表明物质对光的吸收程度越大。透光率和吸光度都是表示物质对光的吸收程度的一种量度,透光率用百分数表示,吸光度无因次。两者可通过公式(2-6)相互换算。

二、吸收光谱曲线

在溶液浓度和液层厚度一定的条件下,分别测定溶液对不同波长的入射光的吸光度,以波长 λ 为横坐标,以对应的吸光度 A 为纵坐标绘制一条曲线,这条曲线称为**吸收光谱曲线**,简称**吸收曲线**,有时也称为 A-λ 曲线或吸收光谱,如图 2-6 所示。吸收曲线上有极大值的部分称为吸收峰,吸收峰所对应的波长为**最大吸收波长**,用 λ_{max} 表示;与曲线最低谷相对应的波长为最小吸收波长,用 λ_{min} 表示;有时在最大吸收峰旁边有一个小的曲折,称为肩峰;吸收曲线的短波长端吸收相当大但不成峰形的部分称为末端吸收。不同物质有不同的吸收峰和 λ_{max},这是物质定性分析的依据之一。物质的定量分析也常选

择在 λ_{max} 处测定,因为在此处测定的灵敏度最高。

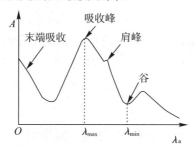

图 2-6　吸收光谱曲线示意图

> **思考题**
>
> 在相同条件下,用三种不同浓度的 $KMnO_4$ 溶液绘制出的三条吸收光谱曲线有何异同?

三、光的吸收定律

在 18 世纪和 19 世纪,朗伯和比尔分别研究了有色溶液的液层厚度 L 和溶液浓度 c 与吸光度 A 的定量关系,共同奠定了分光光度法的理论基础,即**光的吸收定律**,也称为**朗伯-比尔定律**。朗伯定律说明吸光度与液层厚度的关系,比尔定律说明吸光度与溶液浓度的关系。

朗伯定律适用于所有的均匀吸收介质,可表述为:当用一种适当波长的单色光照射固定浓度的溶液时,其吸光度与光透过的液层厚度成正比,即

$$A = k'l \tag{2-7}$$

式中,k' 为比例系数,l 为液层厚度。

比尔定律可表述为:当用适当波长的单色光照射某溶液时,若液层厚度一定,则吸光度与溶液浓度成正比,即

$$A = k''c \tag{2-8}$$

式中,k'' 为比例系数,c 为溶液浓度。

如果溶液的浓度(c)和液层厚度(l)是不固定的,就必须同时考虑 c 和 l 对吸光度的影响,将式(2-7)和式(2-8)合并得:

$$A = Kcl \tag{2-9}$$

式中,K 为比例常数,与吸光物质的性质、入射光波长、溶剂及温度等因素有关,称为吸光系数。当浓度 c 用 mol/L 表示,液层厚度 l 用 cm 表示时,K 可用符号 ε 表示,称为摩尔吸收系数。

式(2—9)是朗伯-比尔定律的数学表达式，可表述为：当一束平行的单色光通过均匀、无散射的含有吸光物质的溶液时，在入射光的波长、强度及溶液温度等条件不变的情况下，溶液的吸光度 A 与溶液浓度 c 及液层厚度 l 的乘积成正比。

朗伯-比尔定律不仅适用于可见光，也适用于紫外光和红外光；不仅适用于均匀、无散射的溶液，也适用于均匀、无散射的固体和气体。它是各类分光光度法定量分析的基础。

实验证明，溶液对光的吸光度具有加和性。如果溶液中同时存在两种或两种以上吸光物质，那么，测得的该溶液的吸光度等于吸收介质内各吸光物质吸光度的总和，即

$$A_{(a+b+c)} = A_a + A_b + A_c \tag{2-10}$$

这是分光光度法对多组分溶液进行定量分析的理论基础。

> **思考题**
>
> 某化合物溶液遵守光的吸收定律，当浓度为 c 时，透光率为 T，试计算浓度为 $0.5c$、$2c$ 时所对应的透光率。

四、定量分析方法

根据朗伯-比尔定律，在一定条件下，待测溶液的吸光度与其浓度呈线性关系。因此，可以选择适当的工作波长进行定量分析。

1. 标准曲线法

标准曲线法是紫外-可见分光光度法中最经典的定量方法，特别适合于大批量试样的定量测定。具体测定的方法和步骤如下：

（1）配制一系列不同浓度的标准溶液，选择合适的参比溶液，在相同的条件下，以待测组分的最大吸收波长 λ_{max} 作为入射光，分别测定各标准溶液对应的吸光度。

（2）根据标准溶液的浓度 c 和对应吸光度 A 绘制标准曲线，如图 2-7 所示。

（3）按照相同的实验条件和操作程序，用待测溶液配制试样溶液并测定其吸光度 $A_{样}$，在标准曲线上找到与之对应的浓度 $c_{样}$，如图 2-7 所示。根据配制试样溶液时对待测溶液的稀释情况，可计算待测溶液的浓度：$c_{原样} = c_{样} \times$ 稀释倍数。

由此可见，测定大批量试样时，只重复最后一步操作，即可完成工作任务。

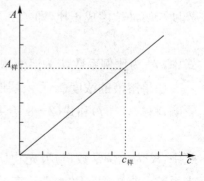

图 2-7 标准曲线（A-c 曲线）

2. 标准对比法

标准对比法是在相同的条件下,配制浓度为 c_s 的标准溶液和浓度为 c_x 的试样溶液,在最大吸收波长 λ_{max} 处,分别测定两者的吸光度值(A_s、A_x),依据朗伯-比尔定律得:

$$A_s = K c_s L \tag{2-11}$$

$$A_x = K c_x L \tag{2-12}$$

因为标准溶液与试样溶液中的吸光物质是同一化合物(比例常数 K 相等),所以,在相同的条件下(液层厚度 L 相等),由式(2-11)和式(2-12)得:

$$\frac{A_s}{A_x} = \frac{c_s}{c_x} \tag{2-13}$$

$$c_x = \frac{A_x c_s}{A_s} \tag{2-14}$$

根据式(2-14)可以计算出试样溶液的浓度 c_x。

当测定待测试样中某组分的含量时,可同时配制相同浓度的试样溶液 $\rho_{样}$ 和标准溶液 $c_{标}$,即 $c_{样}=c_{标}$,在最大吸收波长 λ_{max} 处分别测定两者的吸光度($A_{样}$ 和 $A_{标}$),设 $c_{试}$ 为试样溶液中该组分的浓度,则

$$c_{试} = \frac{A_{样}}{A_{标}} \cdot c_{标} \tag{2-15}$$

根据下式可以计算出试样中待测组分的质量分数 $w_{试}$。

$$w_{试} = \frac{c_{试}}{c_{样}} = \frac{c_{标} \cdot \frac{A_{样}}{A_{标}}}{c_{样}} = \frac{A_{样}}{A_{标}} \tag{2-16}$$

【**例 2-1**】 取 $KMnO_4$ 试样与标准品各 0.1000 g,分别用 1000 mL 容量瓶定容。各取 10.00 mL 溶液,分别稀释至 50.00 mL,在最大吸收波长($\lambda_{max}=525$ nm)处,测得 $A_{样}=0.220$,$A_{标}=0.260$,求试样中 $KMnO_4$ 的含量。

解:已知 $c_{样}=c_{标}=0.1000 \times \frac{10.00}{50.00}=0.0200$(g/L),$A_{样}=0.220$,$A_{标}=0.260$,根据式(2-16)得,$w = \frac{c_{纯}}{c_{样}} = \frac{c_{标} \cdot \frac{A_{样}}{A_{标}}}{c_{样}} = \frac{A_{样}}{A_{标}} = \frac{0.220}{0.260} = 0.846$。

答:试样中纯 $KMnO_4$ 的质量分数为 0.846。

【仪器与试剂】

1. 仪器

容量瓶、移液管、721 型分光光度计等。

2. 试剂

KMnO₄(分析纯)和蒸馏水。

【内容与步骤】

1. 标准溶液的制备

准确称取 0.2500 g KMnO₄ 标准品,在小烧杯中溶解后全部转入 1000 mL 容量瓶中,用蒸馏水稀释到刻度,摇匀,每毫升含 KMnO₄ 0.25 mg。

2. 比色测定(用 721 型分光光度计)

(1)吸收曲线的绘制。精密吸取上述 KMnO₄ 标准溶液 10 mL,置于 50 mL 容量瓶中,加蒸馏水至标线,摇匀。以蒸馏水为空白,依次选择 440 nm、450 nm、460 nm、470 nm、480 nm、490 nm、500 nm、510 nm、520 nm、525 nm、530 nm、535 nm、540 nm、545 nm、550 nm、560 nm、580 nm、600 nm、620 nm、640 nm、660 nm、680 nm、700 nm 波长为测定点,测出各点的吸光度。以测定波长为横坐标,以相应的吸光度 A_i 为纵坐标,绘制吸收曲线。根据吸收曲线找出最大吸收波长 λ_{max}。

(2)标准曲线的绘制。取 6 支 25 mL 容量瓶,分别加入 0.00 mL、1.00 mL、2.00 mL、3.00 mL、4.00 mL、5.00 mL KMnO₄ 标准溶液,用蒸馏水稀释至刻度,摇匀。以蒸馏水为空白,在最大吸收波长处,依次测定各溶液的吸光度,然后以浓度 c_s 为横坐标,以相应的吸光度 A_s 为纵坐标,绘制标准曲线。

(3)样品的测定。取待测样品 2.00 mL,置于 25 mL 容量瓶中,用蒸馏水稀释至刻度,摇匀,得到供试液。按(2)中方法操作,测出相应的吸光度。

【注意事项】

(1)配制标准溶液和试样的容量瓶应及时贴上标签,以防混淆。

(2)测定标准溶液的吸光度时,应按照浓度由稀到浓的顺序依次测定。用吸收池盛溶液时,不能用手接触吸收池的透光面。吸收池要先用待测溶液润洗 2~3 次。

(3)在使参比溶液的透光率能顺利地调到"100%"的前提下,仪器灵敏度尽可能选择较低挡。

(4)每次读数后应随手打开暗箱盖,自动关闭光路电闸,保护光电管。

【数据记录与处理】

1. $KMnO_4$ 吸收曲线测定记录

λ/nm	440	450	460	470	480	490	500	510	520	525	530	535
A_i												
λ/nm	540	545	550	560	580	600	620	640	660	680	700	
A_i												

2. $KMnO_4$ 标准曲线测定记录

$c_s/(mg/mL)$						
A_s						

3. 数据处理

$$c_{样}(KMnO_4) = c_{供} \cdot n$$

其中，$c_{样}$ 为待测样品中 $KMnO_4$ 的浓度（μg/mL），$c_{供}$ 为标准曲线中查得的供试样溶液的浓度（μg/mL），n 为待测样品稀释的倍数。

> **思考题**
> 1. 怎样选择测定波长?
> 2. 使用分光光度法测定物质含量时应注意哪些事项?

> **知识链接**

一、紫外-可见分光光度计的主要部件

紫外-可见分光光度计是在紫外-可见光区用选定波长的光测定物质吸光度的仪器，仪器的类型很多，但基本原理相似。其组成可用方框图表示(图2-8)。

图2-8 紫外-可见分光光度计组成示意图

(一)光源

光源是提供入射光的装置，其基本要求是在广泛的光谱区域内发射连续

光谱,且要求有足够的辐射强度和良好的稳定性。在紫外-可见分光光度计中,常用的光源有两类:热辐射光源和气体放电光源。热辐射光源用于可见光区,如钨灯和卤钨灯;气体放电光源用于紫外光区,如氢灯和氘灯。

1. 钨灯和卤钨灯

钨灯和卤钨灯能发射 320~2500 nm 波长的连续光谱,适用于可见光区和近红外光区的测量。卤钨灯是在钨灯中加入适量的卤素或卤化物制成的。灯内卤元素的存在大大减少了钨原子的蒸发,提高了灯的使命寿命。除此之外,卤钨灯的发光效率也比钨灯高。由于钨灯的发光强度与供电电压的 3~4 次方成正比,因此,使用过程中供电电压要保持稳定。

2. 氢灯和氘灯

氢灯和氘灯能发射 150~400 nm 波长的连续光谱,适用于紫外光区的测量。氘灯的灯管内充有氢的同位素氘,其发光强度和使用寿命比氢灯增加了 3~5 倍,是紫外光区应用最广泛的一种光源。

(二)单色器

单色器是一种把来自光源的复合光分解为单色光,并分离出所需波段光束的装置,是分光光度计的关键部件。其主要组成为入射狭缝、准直镜、出射狭缝和色散元件等。

1. 入射狭缝

光源发出的光经反射镜投向入射狭缝后就成为一条细光束,这条细光束投射到准直镜上变成平行光,入射狭缝的作用是限制杂散光进入。

2. 准直镜

准直镜是以狭缝为焦点的聚光镜。其作用是把来自入射狭缝的光束转化为平行光,然后投向色散元件,并把色散后的平行光束聚焦于出射狭缝。

3. 出射狭缝

出射狭缝的作用是将额定波长的光波射出单色器。狭缝越小,射出光波的谱带越窄,同时光的强度也越小。不能为了取得纯粹的单色光而把狭缝调到极小,因为光强减小会影响测量的灵敏度,所以,狭缝的宽度要恰当。

4. 色散元件

在单色器的装置中,最重要的是色散元件。最常用的色散元件有棱镜和光栅。

(1)棱镜。棱镜对不同波长的光有不同的折射率,因此,可将混合光中所包含的各个波长从长波到短波依次分散成一个连续光谱。折射率差别越大,色散作用(色散率)越大。棱镜常用玻璃或石英制成,玻璃对可见光的色散率比石英大,但可吸收紫外光;石英对紫外光有很好的色散作用,但在可见光区不如玻璃。因此,玻璃棱镜适用于可见光区,石英棱镜适用于紫外光区。

(2)光栅。现代分光光度计多采用光栅作为色散元件。光栅的分辨率比棱镜高,应用的波长范围广,色散率基本上不随波长改变,是均匀色散。在分光光度计中采用的光栅绝大多数为平面反射光栅(或称闪耀光栅),可用于紫外光、可见光及红外光等光谱区域。

(三)吸收池

吸收池又称比色皿或比色杯,是分光光度分析中盛放溶液的容器。吸收池的材料有玻璃和石英两种,玻璃吸收池适用于可见光区,石英吸收池适用于紫外光区和可见光区。吸收池的光径为 0.1～10 cm,其中以 1 cm 光径吸收池最为常用。用于高浓度(或低浓度)测定时,可采用光径较小(或较大)的吸收池。一套吸收池必须相互匹配,因此,所用的一套吸收池应事先盛放同一种溶液,在所选波长下测定其透光度,彼此相差应在 0.5% 以内。指纹、油污及池壁上的沉积物都会影响吸收池的透光性能,因此,吸收池使用前后必须清洗干净。

(四)检测器

检测器是将通过吸收池的光信号转换为电信号的光电元件。常用检测器有光电管和光电倍增管。光电倍增管是检测弱光最常用的光电元件,其灵敏度比光电管要高得多。

(五)信号显示器

光电流经过放大后输入显示器,显示器会以某种方式将测量结果显示出来。常用的显示器有电表指示、数字显示、荧光屏显示、曲线描绘和打印输出等。

二、分析条件的选择

在分析工作中,要使分析方法有较高的灵敏度和准确度,就要选择最佳的测定条件,包括入射光波长、读数范围、显色反应条件和参比溶液等。

(一)入射光波长的选择

通常根据待测组分的吸收光谱,选择最强吸收带的最大吸收波长 λ_{max} 作为入射光波长,这样可以得到最高的测量灵敏度,此即最大吸收原则。当最强吸收峰的峰形比较尖锐时,往往选用吸收稍低、峰形稍平坦的次强峰或肩峰处的波长进行测定。

> 【案例分析】
>
> **案例** 在分光光度法实验中,小王同学将某种试样的浓溶液加入吸收池中,在规定的波长处测定吸光度,发现未显示出吸光度值,试分析为何会出现此现象。
>
> **分析** 因为小王配制的试样溶液浓度过高,偏离了光的吸收定律。必须先对浓度过高的试样溶液进行适当稀释再测定吸光度。一般规定测定试样的吸光度控制在 0.2~0.7。

(二)读数范围的选择

读数范围应控制在吸光度为 0.2~0.7,透光率为 20%~65%,可以通过控制溶液浓度或吸收池厚度的方法来实现。

(三)显色反应条件的选择

测定紫外-可见光区非吸光物质溶液时,需要加入适当的试剂,将待测组分转变成在紫外-可见光区有较强吸收的物质。这种能与待测组分定量发生化学反应,生成对紫外-可见光有较强吸收的物质的试剂称为显色剂。显色剂与待测组分发生的化学反应称为显色反应。

1. 对显色剂及显色反应的要求

(1)显色剂在测定波长处应无明显吸收,显色剂与生成物的最大吸收波长应相差 60 nm 以上。

(2)所选择的显色剂应尽可能只与待测组分发生反应。

(3)显色反应必须定量完成,且生成足够稳定的吸光物质。

(4)显色反应后所生成的吸光物质的摩尔吸光系数应大于 10^4 L/(mol·cm)。

2. 显色反应条件的选择

要使显色反应达到上述要求,就必须控制显色反应条件,以保证待测组分有效地转变成适宜于测定的化合物。

(1)显色剂的用量。通常应加入过量的显色剂,可通过实验绘制 A-c 曲线,根据曲线的变化来确定合适的用量。

(2)溶液的酸度。显色剂多为有机弱酸,改变酸度能直接影响显色剂的平衡浓度，从而影响显色反应进行的程度。一般可通过实验绘制 A-pH 曲线，根据曲线的变化来确定合适的酸度。

(3)显色时间和温度。有些显色反应速率较慢，一段时间后溶液对特定波长光的吸收才能达到稳定；有些化合物放置一段时间后，可能受空气、光照、试剂挥发或分解等影响，溶液的吸光性发生改变；有些显色反应需要在一定温度下才能顺利进行。所以，应分别通过实验绘制 A-t（时间）曲线和 A-T（温度）曲线，根据曲线的变化来确定显色反应最适宜的时间和温度。

(4)共存离子干扰的消除。为消除共存离子的干扰，实验中常常控制显色反应的酸度或加入掩蔽剂，也可以预先通过离子交换等方法予以掩蔽或分离。

(四)参比溶液的选择

测量试样溶液的吸光度时，先用参比溶液（又称空白溶液）调节透光率为100%，以消除溶液中其他成分以及吸收池和溶剂对光的反射和吸收所带来的误差。参比溶液的组成视试样溶液的性质而定，因此，合理地选择参比溶液是很重要的。

(1)溶剂参比溶液。当试样溶液的组成较为简单，共存的其他组分很少且对测定波长的光几乎无吸收时，可采用溶剂作为参比溶液，消除溶剂、吸收池等因素的影响。

(2)试样参比溶液。如果试样基体溶液在测定波长有吸收，而显色剂不与试样基体发生显色反应，可按显色反应的条件处理试样，只是不加入显色剂。这种参比溶液适用于试样中有较多的共存成分，加入的显色剂量不大，且显色剂在测定波长无吸收。

(3)试剂参比溶液。如果显色剂或其他试剂在测定波长有吸收，按显色反应的条件处理，不加入试样，同样加入试剂和溶剂作为参比溶液。这种参比溶液可消除试剂产生吸收的影响。

(4)平行操作参比溶液。将不含待测组分的试样在相同条件下与待测试样同时进行处理，由此得到平行操作参比溶液。如进行某种药物浓度监测，取正常人的血样与待测血药浓度的血样进行平行操作处理，前者得到的溶液即平行操作参比溶液。

第 3 节 维生素 B_{12} 注射液含量的测定

【目的】

应用吸光系数法测定维生素 B_{12} 注射液的相对含量。

【相关知识】

吸光系数 K 是物质的特性常数,表明物质对某一特定波长光的吸收能力,是吸光物质在单位浓度及单位厚度下的吸光度。不同物质对同一波长的单色光有不同的吸光系数,吸光系数越大,表明该物质的吸光能力越强,灵敏度越高。所以,吸光系数是定性和定量分析的依据。吸光系数的物理意义和表达方式随待测溶液的浓度单位不同而不同,在给定单色光、溶剂和温度等条件下,通常有两种描述方法。

1. 摩尔吸光系数

在入射光波长一定,溶液浓度为 1 mol/L,液层厚度为 1 cm 时,测得的吸光度称为摩尔吸光系数,常用 ε 表示,其单位为 L/(mol·cm)。通常情况下,$\varepsilon \geqslant 10^4$ L/(mol·cm) 称为强吸收,$\varepsilon < 10^2$ L/(mol·cm) 称为弱吸收,介于两者之间称为中强吸收。式(2—9)可写作:

$$A = \varepsilon c l \tag{2—17}$$

2. 百分吸光系数

在化合物组分不明的情况下,物质的分子量无从知晓,因而物质的摩尔浓度无法确定,无法使用摩尔吸光系数。此时,常采用百分吸光系数或比吸光系数。百分吸光系数是指在入射光波长一定时,溶液浓度为 1%(g/100 mL),液层厚度 l 为 1 cm 时的吸光度值,用 $E_{1\,\text{cm}}^{1\%}$ 表示,其量纲为 100 mL/(g·cm)。

ε 和 $E_{1\,\text{cm}}^{1\%}$ 通常不能直接测定,而是通过测定已知准确浓度的稀溶液的吸光度,根据朗伯-比尔定律数学表达式计算求得。

$E_{1\,\text{cm}}^{1\%}$ 与 ε 的关系为:

$$\varepsilon = \frac{M}{10} \cdot E_{1\,\text{cm}}^{1\%} \tag{2—18}$$

式中,M 为吸光物质的相对分子质量。

> **知识拓展**
>
> ### 摩尔吸光系数的性质
>
> ε 值取决于入射光的波长和吸光物质的吸光特性,亦受溶剂和温度的影响。显然,显色反应产物的 ε 值越大,基于该显色反应的光度测定法的灵敏度就越高。待测物不同,则摩尔吸光系数也不同,所以,摩尔吸光系数可作为物质的特征常数。溶剂不同,同一物质的摩尔吸光系数也不同,所以,在说明摩尔吸光系数时,应注明溶剂。光的波长不同,物质的摩尔吸光系数也不同。单色光的纯度越高,物质的摩尔吸光系数越大。

【仪器与试剂】

1. 仪器

UV755B 型紫外-可见分光光度计、1 cm 石英吸收池、容量瓶、移液管等。

2. 试剂

维生素 B_{12} 注射液和纯化水。

【内容与步骤】

1. 维生素 B_{12} 的定性鉴别

精密吸取一定量的维生素 B_{12} 注射液,按照标示含量,用蒸馏水准确稀释一定倍数,使稀释后试样溶液的浓度为 25 μg/mL。将稀释后的试样溶液和参比溶液(以纯化水代替)分别置于 1 cm 吸收池中,按照 UV755B 型紫外-可见分光光度计的操作规程,分别在 278 nm、361 nm 和 550 nm 波长处测定其吸光度 A_{278}、A_{361}、A_{550}。

2. 计算维生素 B_{12} 注射液的含量

将 361 nm 波长处的吸光度 A_{361} 带入计算公式,计算维生素 B_{12} 稀释溶液的浓度:

$$c_{B_{12}} = A_{361} \times 48.31 (\mu g/mL)$$

则维生素 B_{12} 注射液的浓度为:

$$c_{注} = c_{B_{12}} \times n$$

式中,n 为维生素 B_{12} 注射液的稀释倍数。维生素 B_{12} 注射液的含量以实测浓度除以供试品的标示浓度所得的百分比表示。

【注意事项】

维生素 B_{12} 注射液有不同的规格,稀释倍数应根据实际含量确定。

【数据记录与处理】

1. 数据记录与处理

	A_{278}	A_{361}	A_{550}
维生素 B_{12} 在不同波长处的吸光度			
A_{361}/A_{278}			
A_{361}/A_{550}			
由 A_{361} 计算维生素 B_{12} 注射液的浓度			
维生素 B_{12} 注射液的标示量			

2. 结果分析

（1）根据测定结果，分别计算 A_{361} 与 A_{278} 的比值以及 A_{361} 与 A_{550} 的比值，并与《中国药典》(2015年版)规定值比较，进行定性鉴别。

（2）计算维生素 B_{12} 注射液的标示量，并与《中国药典》(2015年版)规定值比较，判定供试品含量是否符合要求。

思考题

1. 如何根据测定时所用光的波长选择光源？为什么？
2. 本实验中测定吸光度时为什么采用石英吸收池？若采用玻璃吸收池，有何影响？
3. 什么是吸光系数？吸光系数与摩尔吸光系数的意义有何不同？如何进行换算？
4. 用吸光系数法进行定量分析的优缺点是什么？

知识链接

一、物质对光的选择性吸收

物质结构不同，与电磁辐射发生相互作用所需要的能量也不同。只有当电磁辐射的能量与物质结构发生改变所需要的能量相等时，电磁辐射才能与物质发生相互作用而被吸收。也就是说，物质对光具有选择性吸收的性质。

在可见光区，波长不同的光具有不同的颜色，但波长相近的光，其颜色并没有明显的差别，不同颜色之间是逐渐过渡的。各种颜色光的近似波长范围见表 2-4。

第 2 章 紫外-可见分光光度检测技术

表 2-4 各种颜色光的近似波长范围

光的颜色	波长范围/nm	光的颜色	波长范围/nm
红色	650~760	青色	480~500
橙色	610~650	蓝色	450~480
黄色	560~610	紫色	400~450
绿色	500~560	近紫外	200~400

单一波长的光称为单色光,由不同波长的光混合而成的光称为复合光。例如,白光(如日光、白炽灯光)就是由各种不同颜色的光按照一定比例混合而成的。复合光通过棱镜或光栅可散射出多种颜色的光,这种现象称为光的散射。如果两种适当颜色的单色光按一定强度比例混合,可以得到白光,则这两种单色光互为补色光。如图 2-9 所示,圆的每条直径的两个端点分别代表一种颜色的光,如果将它们按一定强度比例混合,就可以得到白光。例如,紫色光和绿色光互为补色光;蓝色光和黄色光互为补色光。由此可见,日光和白炽灯光是由很多补色光按一定强度比例混合而成的。

图 2-9 补色光示意图

> **思考题**
>
> 请想一想:一束白光透过高锰酸钾溶液后,何种颜色的光被吸收了?何种颜色的光几乎不被吸收?

溶液呈现不同的颜色是由于溶液中的溶质(分子或离子)选择性地吸收白光中某种颜色的光。当一束白光通过某溶液时,如果该溶液对任何颜色的光都不吸收,则溶液无色透明;如果该溶液对任何颜色的光的吸收程度相同,则溶液灰暗透明;如果溶液吸收了其中某一种颜色的光,则溶液呈现透过光的颜色,即呈现溶液所吸收光的补色光的颜色。例如,硫酸铜溶液能够吸收白光中的黄色光而呈现蓝色。

二、引起偏离光吸收定律的因素

当用某一波长的单色光测定溶液的吸光度时,若固定吸收池厚度,根据朗伯-比尔定律($A=Kcl$),以吸光度对浓度作图,应得到一条通过原点的直线,称为标准曲线,也称为 A-c 曲线。但在实际工作中,很多因素可能导致标准曲线发生弯曲,即吸光度与浓度间的线性关系发生偏离而造成测量误差,如图 2-10 所示,一般产生负偏离的情况居多。引起偏离光吸收定律的因素主要有化学因素和光学因素。

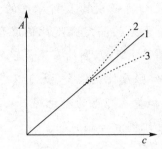

1—遵守朗伯-比尔定律;2—正偏离;3—负偏离

图 2-10 对光吸收定律偏离

(一)化学因素

1. 吸光物质溶液的浓度

严格地说,朗伯-比尔定律通常只适用于稀溶液。在高浓度(通常>0.01 mol/L)时,吸光粒子间彼此靠近,粒子独立吸收光的能力受影响,电荷分布也可能发生改变,因此,每个粒子吸收特定波长光的能力有所改变,吸光系数也随之改变。同时,随溶液浓度增大,溶液对光的折射率发生改变,也会使测定的吸光度产生偏离。当浓度过低时,待测溶液和参比溶液的吸光性差别过小,测定的吸光度也会发生偏离。

2. 吸光物质的化学变化

如果待测组分在试样溶液中发生离解、缔合、光化或互变异构等,可能使待测组分的浓度发生变化,导致偏离光的吸收定律。

3. 溶剂的影响

不同种类的溶剂会对吸光物质的吸收峰高度、最大吸收波长产生影响,还会对待测物质的物理性质和化学组成产生影响,导致偏离光的吸收定律。

(二)光学因素

1. 非单色光

朗伯-比尔定律是以单色光作入射光为前提的。但事实上,真正的单色光是难以得到的,经过分光后用于测量的是一小段波长范围的复合光,由于吸光物质对不同波长光的吸收能力不同,因此可能导致对朗伯-比尔定律的偏离。在所使用的波长范围内,吸光物质的吸收能力变化越大,这种偏离就越显著。

2. 杂散光

由分光光度计的单色器所获得的单色光中,还混杂一些与所需波长相隔较远的光,称为杂散光。杂散光的存在会导致偏离光的吸收定律。

3. 非平行光

朗伯-比尔定律通常只适用于平行光。在实际测定中,通过吸收池的入射光并非真正的平行光,而是稍有倾斜的光束。倾斜光通过吸收池的实际光程(液层厚度)比垂直照射的平行光的光程要长,使吸光度的测定值偏大,导致偏离光的吸收定律。

4. 反射现象

入射光通过折射率不同的两种介质的界面时,有一部分光被反射而损失,使吸光度的测定值偏大,导致偏离光的吸收定律。

5. 光的散射

当试样中有胶体、乳浊液或悬浮物质存在时,入射光通过溶液后,有部分光会因散射而损失,使吸光度增大,导致偏离光的吸收定律。

三、紫外-可见分光光度法的分类

紫外-可见分光光度计的型号很多,按其光学系统可分为单波长分光光度计和双波长分光光度计,其中单波长分光光度计又有单波长单光束分光光度计和单波长双光束分光光度计两种。

(一)单波长单光束分光光度计

单波长单光束分光光度计用钨灯或氢灯作光源。目前,国内广泛采用的简易型单波长单光束分光光度计是721型分光光度计。这种分光光度计的结构简单、价格低廉、操作简便,维修也较容易,适用于常规分析。其基本结构如图2-11所示。

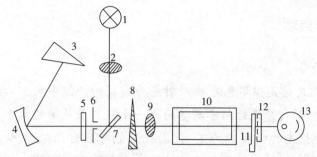

1—光源;2—聚光透镜;3—色散棱镜;4—准直镜;5—保护玻璃;6—狭缝;7—反射镜;
8—光栏;9—聚光透镜;10—吸收池;11—光门;12.保护玻璃;13—光电管

图 2-11　单波长单光束分光光度计结构示意图

721型分光光度计采用自准式棱镜色散系统,属于单光束非记录式分光光度计,使用波长范围为360~800 nm,用钨灯作光源,光电管作检测器,光电流从微安表上读出。属于单波长单光束分光光度计的还有国产751型和XG-125型,英国SP500型和伯克曼DU-8型分光光度计等。

(二)单波长双光束分光光度计

单波长单光束分光光度计每换一个波长都必须用空白进行校准,如果要对某一试样作一定波长范围的吸收图谱,则很不方便,而且单波长单光束分光光度计要求光源和检测系统必须有较高的稳定性。单波长双光束分光光度计能自动比较透过空白和试样的光束强度(此比值即试样的透光度),并把它作为波长的函数记录下来。这样,通过自动扫描就能迅速地将试样的吸收光谱记录下来。图2-12所示为单波长双光束分光光度计的结构示意图。在双光束分光光度计中,来自光源的光束经单色器(M_0)后,分离出的单色光经反射镜(M_1)分解为强度相等的两束光,它们分别通过样品池(S)和参比池(R),然后在平面反射镜(M_3和M_4)的作用下重新汇合,投射到光电倍增管(PM)上。当调节器(T)带动M_1和M_4同步旋转时,两光束分别通过参比池和样品池,然后经M_3和M_4交替投射到光电倍增管上。这样,检测器就可以在不同的瞬间接收和处理参比信号和试样信号,将其信号差通过对数转换为吸光度。单波长双光束分光光度计大多为自动记录型。单波长双光束分光光度计除了能自动扫描吸收光谱外,还可自动消除电源电压波动的影响,减小放大器增益的漂移,但其结构较单波长单光束分光光度计复杂。国产710型、730型、740型和日立UV-340型分光光度计等就属于单波长双光束分光光度计。

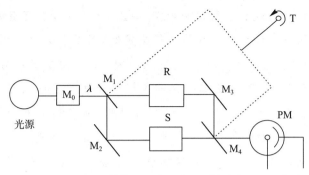

M_0—单色器;M_1、M_2、M_3、M_4—反射镜;R—参比池;S—样品池;T—调节器;PM—光电倍增管

图 2-12 单波长双光束分光光度计的光路结构示意图

(三)双波长分光光度计

双波长分光光度计的基本结构如图 2-13 所示。从同一光源发出的光分为两束,分别经过两个单色器,得到两束不同波长(λ_1 和 λ_2)的光,利用切光器使两束光以一定的频率交替照射同一吸收池,最后由检测器显示出两个波长下的吸光度差值(ΔA)。双波长分光光度计的优点是可以在有背景干扰或共存组分吸收干扰的情况下,对某组分进行定量测定。此外,还可以利用双波长分光光度计获得微分光谱,进行系数倍率法测定。双波长分光光度计设有工作方式转换机构,使其能够很方便地转化为单波长工作方式。国产 WFZ800-5 型、岛津 UV-260 型、UV-265 型、UV-300 型、日立 356 型分光光度计等都属于双波长分光光度计。

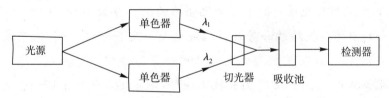

图 2-13 双波长分光光度计的光路结构示意图

四、紫外-可见分光光度法的应用

紫外-可见分光光度法不仅用于物质的定量测定,还可用于物质的定性分析、纯度鉴定、结构分析以及某些物理化学常数的测定等。

(一)定性分析

每一种化合物都有自己的特征光谱。测出未知物的吸收光谱,原则上可以对该未知物作出定性鉴定。但是,由于紫外-可见吸收光谱一般不能观察到光谱的精细结构,因此,对复杂化合物的定性分析是有一定困难的。但是,如果有标准样品进行比较或利用标准吸收光谱图进行对照，就可有效地对未知物进行鉴定。利用标准试样对未知物进行鉴定时，对两者吸收光谱中峰的位置、数目和吸收强度进行比较，如果两者完全一致，就可初步确定为同一种物质。有时为了进一步确认，可更换溶剂后再在相同条件下进行测定。如果使用文献报道的图谱或其他来源的标准图谱进行对照，则在测定未知物的吸收光谱时，要求使用精度比较高的分光光度计，其波长要按规定进行校正。对于一些不太了解或结构比较复杂的试样，仅靠吸收光谱定性是不可靠的，还应采用其他结构分析方法，以得到较为准确的结果。

(二) 纯度鉴定

如果在一种不吸收紫外区某波段辐射的化合物中混有在该波段有吸收的杂质，则很容易检出。例如，当甲醇中含有少量苯时，被污染甲醇的紫外吸收光谱在 254 nm 处就会出现苯的特征吸收。如果所测化合物和杂质在同一光谱区域内有吸收，只要它们的最大吸收波长不同，也可根据吸收光谱进行纯度鉴定。例如，核酸 ($\lambda_{max}=260$ nm) 和蛋白质 ($\lambda_{max}=280$ nm) 就可以利用其纯物质的光吸收比值进行纯度检验。纯核酸的光吸收比值为 $A_{280}/A_{260}=0.5$，而纯蛋白质的光吸收比值为 $A_{280}/A_{260}=1.8$。

(三) 结构分析

紫外-可见吸收光谱一般不用于化合物的结构分析，但利用紫外吸收光谱鉴定化合物中的共轭结构和芳环结构还是有一定价值的。例如，某物质在近紫外区内无吸收，说明该物质无共轭结构和芳环结构。饱和五元环化合物和六元环化合物在 200 nm 以上无吸收峰，而不饱和化合物和杂环化合物一般有两个吸收峰。当取代基中有助色团时，吸收峰红移，吸收强度增大。此外，利用紫外-可见吸收光谱还可判别具有共轭结构的化合物的异构体、测定氢键强度以及分析络合物的组成及空间结构等。用紫外-可见吸收光谱对分子进行结构分析有一定的局限性，由分子的结构判断其紫外-可见吸收峰的位置则要容易一些，可以在一定程度上根据物质的分子结构对物质的紫外-可见吸收光谱进行预测。

第4节　水中硝酸盐氮含量的测定

【目的】

应用紫外-可见分光光度法测定水中硝酸盐氮含量。

【相关知识】

利用硝酸根离子在 220 nm 波长处的吸收来定量测定硝酸盐氮含量。如果水样中溶解的有机物在 220 nm 处和 275 nm 处均有吸收,则在 275 nm 处(硝酸根离子在 275 nm 处没有吸收)再测定一次,以校正硝酸盐氮值。用标准曲线法测定水样中硝酸盐氮含量。

【仪器与试剂】

1. 仪器

紫外分光光度计、1 cm 石英吸收池、容量瓶等。

2. 试剂

硝酸钾标准储备液(100 mg/L)。准确称取 0.72~0.8 g 优级纯 KNO_3(105~110 ℃ 烘干 2 h),置于烧杯中,加水溶解,然后转移至 1000 mL 容量瓶并稀释至刻度,加 2 mL $CHCl_3$(三氯甲烷)保护剂,混匀,可稳定储存 6 个月。

盐酸溶液(1 mol/L,优级纯)。

【内容与步骤】

(1)配置标准溶液:用移液管准确移取 10.00 mL 硝酸钾标准储备液置于 100 mL 容量瓶中,用水稀释至刻度。则所得标准溶液的浓度为 10 mg/L,即 10 μg/mL。

分别移取 1.00 mL、2.50 mL、5.00 mL、7.50 mL、10.00 mL 标准溶液置于 50 mL 容量瓶中,各加入 1 mL 1 mol/L 盐酸溶液,用蒸馏水定容至刻度,得到 5 个标准溶液的含量分别为 0.2 μg/mL、0.5 μg/mL、1.0 μg/mL、1.5 μg/mL、2.0 μg/mL。

(2)接通仪器电源,打开开关,预热 20 min。

(3)用蒸馏水做参比,在 $\lambda=220$ nm 处用 1 cm 石英比色皿分别测定 5 个标准溶液的吸光度,记录数据。

(4)取 5.00 mL 水样,加入 1 mL 1 mol/L 盐酸溶液,用蒸馏水定容至刻度,即得试样溶液。用石英比色皿分别测定样品在 $\lambda=220$ nm 和 $\lambda=275$ nm(硝酸盐在此波长无吸收)处的吸光度 $A_{220\ nm}$ 和 $A_{275\ nm}$,记录数据。

【数据记录与处理】

(1)根据实验数据,用最小二乘法计算校正曲线的回归方程,并以标准溶液的吸光度和其相应的硝酸盐氮含量绘制标准曲线。

(2)根据试样溶液的吸光度($A_{校水样} = A_{220\,nm} - 2A_{275\,nm}$),由标准曲线求得其对应的硝酸盐氮含量,根据稀释倍数计算水样中硝酸盐氮含量。

> **思考题**
>
> 1. 紫外分光光度法的原理是什么?
> 2. 本实验中影响准确度测定的因素有哪些?

练 习 题

一、名词解释

1. 吸收光谱
2. 原子光谱
3. 分子光谱

二、单项选择题

1. 真空中波长与频率的关系为(   )。
   A. 成正比   B. 成反比   C. 两者无关   D. 两者叠加
2. 真空中波长与波数的关系为(   )。
   A. 成正比   B. 成反比   C. 两者无关   D. 两者叠加
3. 真空中频率与波数的关系为(   )。
   A. 成正比   B. 成反比   C. 两者无关   D. 两者叠加
4. 所有电磁辐射在真空中的传播速度(   )。
   A. 与 λ 有关   B. 与 σ 有关   C. 均相同   D. 与 E 有关
5. 光子能量 E 与波长的关系为(   )
   A. 成正比   B. 成反比   C. 两者无关   D. 两者叠加
6. 光子能量 E 与频率的关系为(   )。
   A. 成正比   B. 成反比   C. 两者无关   D. 两者叠加
7. 紫外光区的波长范围是(   )。
   A. 0.1~10 nm   B. 400~760 nm   C. 10~400 nm   D. 0.76~50 μm

第 2 章 紫外-可见分光光度检测技术

8. 可见光区的波长范围是（　　）。
   A. 0.1～10 nm　　B. 400～760 nm　　C. 10～400 nm　　D. 0.76～50 μm
9. 辐射通过透明介质时，介质分子（或原子）由基态跃迁至激发态的条件是（　　）。
   A. 无条件跃迁　　　　　　　　B. E 和介质基态与激发态能量差相等
   C. E 大于介质基态与激发态能量差　　D. E 小于介质基态与激发态能量差
10. 入射的电磁辐射能量和介质分子（或原子）基态与激发态能量差相等时，发生（　　）。
    A. 光的吸收　　B. 拉曼散射　　C. 光的透射　　D. 荧光
11. 入射的电磁辐射能量和介质分子（或原子）基态与激发态能量差不相等时，发生（　　）。
    A. 光的吸收　　B. 非拉曼散射　　C. 光的透射　　D. 光的反射
12. 光谱法以（　　）作为特征信号。
    A. 光的反射　　B. 光的干涉　　C. 光的偏振　　D. 光的波长
13. 下列属于光谱法的是（　　）。
    A. 吸收光谱法　　B. 圆二色光谱法　　C. 旋光法　　D. 折射法
14. 下列属于非光谱法的是（　　）。
    A. 发射光谱法　　B. 圆二色光谱法　　C. 吸收光谱法　　D. 散射光谱法
15. 利用原子光谱法通常能确定（　　）。
    A. 物质结构　　B. 元素组成　　C. 物质分子含量　　D. 以上都能确定
16. 利用分子光谱法通常能确定（　　）。
    A. 元素组成　　　　　　B. 元素含量
    C. 物质分子结构　　　　D. 以上都能确定
17. 吸收光谱产生的必要条件为（　　）。
    A. $E > \Delta E$　　B. $E < \Delta E$　　C. $E \geqslant \Delta E$　　D. $E = \Delta E$
18. 在紫外-可见分光光度法中，可利用光谱特征进行（　　）。
    A. 物质的定性分析　　　　B. 元素含量分析
    C. 物质的定量分析　　　　D. 结构分析
19. 原子吸收光谱法通常用于（　　）。
    A. 物质的定性分析　　　　B. 元素含量分析
    C. 物质的定量分析　　　　D. 结构分析
20. 光谱仪的基本构造中，样品容器位于（　　）。
    A. 分光系统和检测器之间　　B. 辐射源和分光系统之间
    C. 辐射源中　　　　　　　　D. 视不同方法而定

21. 紫外-可见光的波长范围是(　　)。
    A. 200~400 nm　　B. 400~760 nm　　C. 200~760 nm　　D. 360~800 nm

22. 下列叙述错误的是(　　)。
    A. 光的能量与其波长成反比　　　　B. 有色溶液浓度越大,对光的吸收越强烈
    C. 物质对光的吸收有选择性　　　　D. 光的能量与其频率成反比

23. 紫外-可见分光光度法属于(　　)。
    A. 原子发射光谱法　　　　　　　　B. 原子吸收光谱法
    C. 分子发射光谱法　　　　　　　　D. 分子吸收光谱法

24. 分子吸收紫外-可见光后,可发生下列哪种类型的分子能级跃迁?(　　)
    A. 转动能级跃迁　　　　　　　　　B. 振动能级跃迁
    C. 电子能级跃迁　　　　　　　　　D. 以上都能发生

25. 已知某一有色溶液的摩尔浓度为 c,在一定条件下用 1 cm 吸收池测得吸光度为 A,则摩尔吸光系数为(　　)。
    A. cA　　　　B. cM　　　　C. A/c　　　　D. c/A

26. 下列关于光的性质,描述正确的是(　　)。
    A. 光具有波粒二象性　　　　　　　B. 光具有发散性
    C. 光具有颜色　　　　　　　　　　D. 光的本质是单色光

27. 某吸光物质的吸光系数很大,则表明(　　)。
    A. 该物质溶液的浓度很大　　　　　B. 测定该物质的灵敏度高
    C. 入射光的波长很大　　　　　　　D. 该物质的相对分子质量很大

28. 在相同条件下,测定甲、乙两份有色物质溶液的吸光度。已知甲溶液用 1 cm 吸收池,乙溶液用 2 cm 吸收池,若测得吸光度相同,则甲、乙两溶液浓度的关系为(　　)。
    A. $c_甲 = c_乙$　　B. $c_乙 = 2c_甲$　　C. $c_甲 = 2c_乙$　　D. $c_乙 = 4c_甲$

29. 在符合光的吸收定律条件下,有色物质的浓度、最大吸收波长、吸光度三者的关系是(　　)。
    A. 增加、增加、增加　　　　　　　B. 增加、减小、不变
    C. 减小、增加、减小　　　　　　　D. 减小、不变、减小

30. 吸收曲线是在一定条件下以入射光波长为横坐标、吸光度为纵坐标描绘的曲线,又称为(　　)。
    A. 标准曲线　　B. A-λ 曲线　　C. A-c 曲线　　D. 滴定曲线

31. 721 型分光光度计的吸收池的材料为(　　)。
    A. 石英　　　　B. 卤族元素　　　　C. 硬质塑料　　　　D. 光学玻璃

32. 紫外-可见分光光度法定量分析的理论依据是(　　)。
    A. 吸收曲线　　　B. 吸光系数　　　C. 光的吸收定律　　　D. 能斯特方程
33. 下列说法正确的是(　　)。
    A. 吸收曲线与物质的性质无关　　　B. 吸收曲线的基本形状与溶液浓度无关
    C. 浓度越大,吸光系数越大　　　D. 吸收曲线是一条通过原点的直线
34. 测定大批量试样时,适宜的定量方法是(　　)。
    A. 标准曲线法　　　B. 标准对比法　　　C. 解联立方程组法　　　D. 差示分光光度法
35. 紫外-可见分光光度法是基于待测物质对(　　)。
    A. 光的发射　　　B. 光的散射　　　C. 光的衍射　　　D. 光的吸收
36. 某种溶液的吸光度(　　)。
    A. 与吸收池厚度成正比　　　B. 与溶液的浓度成反比
    C. 与溶液体积成正比　　　D. 与入射光的波长成正比
37. 双光束分光光度计与单光束分光光度计的主要区别是(　　)。
    A. 能将一束光分为两束光　　　B. 使用两个单色器
    C. 用两个光源获得两束光　　　D. 使用两个检测器
38. 下列说法错误的是(　　)。
    A. 标准曲线与物质的性质无关
    B. 吸收曲线的基本形状与溶液浓度无关
    C. 浓度越大,吸光系数越大
    D. 从吸收曲线上可以找到最大吸收波长
39. 紫外-可见分光光度计的基本结构可分为(　　)。
    A. 两个部分　　　B. 三个部分　　　C. 四个部分　　　D. 五个部分
40. 分光光度计中检测器灵敏度最高的是(　　)。
    A. 光敏电阻　　　B. 光电管　　　C. 光电池　　　D. 光电倍增管

三、多项选择题
1. 在可见光区测定吸光度时,吸收池的材质可用(　　)。
    A. 彩色玻璃　　　B. 光学玻璃　　　C. 石英
    D. 溴化钾　　　E. 以上均可
2. 在紫外-可见分光光度法中,影响吸光系数的因素有(　　)。
    A. 溶剂的种类和性质　　　B. 溶液的摩尔浓度　　　C. 吸收池大小
    D. 物质的本性和光的波长　　　E. 待测物的分子结构
3. 影响摩尔吸光系数的因素有(　　)。
    A. 温度　　　B. 溶剂的种类　　　C. 物质的结构
    D. 入射光的波长　　　E. 溶液的浓度

4. 光的吸收定律通常适用于（　　）。
   A. 散射光　　　　　　　B. 单色光　　　　　　　C. 平行光
   D. 折射光　　　　　　　E. 稀溶液

5. 紫外-可见分光光度法常用的定量分析方法有（　　）。
   A. 间接滴定法　　　　　B. 标准对比法　　　　　C. 标准曲线法
   D. 直接电位法　　　　　E. 吸光系数法

6. 紫外-可见分光光度计的主要部件有（　　）。
   A. 光源　　　　　　　　B. 单色器　　　　　　　C. 吸收池
   D. 检测器　　　　　　　E. 显示器

7. 分光光度计常用的色散元件有（　　）。
   A. 钨丝灯　　　　　　　B. 棱镜　　　　　　　　C. 饱和甘汞电极
   D. 光栅　　　　　　　　E. 光电管

8. 紫外-可见分光光度法可用于某些药物的（　　）。
   A. 定性鉴别　　　　　　B. 纯度检查　　　　　　C. 毒理实验
   D. 含量测定　　　　　　E. 药理检查

9. 分光光度法测得的吸光度有问题，可能的原因包括（　　）。
   A. 吸收池没有放正位置　　　　B. 吸收池配套性不好
   C. 吸收池毛玻璃面置于透光位置　　D. 吸收池润洗不到位

10. 一台分光光度计的校正应包括（　　）等。
    A. 波长的校正　B. 吸光度的校正　C. 杂散光的校正　D. 吸收池的校正

四、填空题

1. 可见光的波长范围为_____，近紫外光的波长范围为_____。

2. 光的吸收定律的数学表达式（$A=Kcl$）中，K 称为吸光系数，常用三种方法来描述，分别是_____、_____、_____。物质的吸光系数越大，表示该吸光物质的吸光性越_____。

3. 吸收光谱是以_____为横坐标，以_____为纵坐标绘制而成的曲线。吸收峰最高处所对应的波长为_____，用_____表示。

4. 用紫外-可见分光光度法进行定量分析时，常选用_____作入射光，此时测定的_____最高。

5. 在紫外光区测定吸光度时，应使用紫外-可见分光光度计的_____灯作光源，所用吸收池的材质是_____。

6. 测定吸光度时，将空白溶液置入光路，应使 $T=$_____，此时，$A=$_____。

7. 为提高测定的准确度，溶液的吸光度读数范围应调节为 0.2～0.7，可通过调节_____和_____来实现。

8. 使用紫外-可见分光光度法对单组分溶液进行定量分析的常用方法有_____、_____、_____。

五、判断题

1. 可利用物质的光谱对物质进行定性、定量和结构分析。（　）
2. 不涉及物质内部能级跃迁的光学分析法属于光谱法。（　）
3. 浊度法属于非光谱法。（　）
4. 光谱法是现代分析检测技术中重要的组成部分。（　）
5. 非光谱法以光的波长为特征信号。（　）
6. 光谱法以光的波长为特征信号。（　）
7. 圆二色光谱法属于光谱法。（　）
8. 原子光谱是线状光谱，分析光谱是连续光谱。（　）
9. 原子吸收光谱法通常用于物质的定性、定量分析。（　）
10. 紫外-可见分光光度法通常用于物质的定性、定量分析。（　）

六、简答题

1. 光学分析法有哪些类型？
2. 吸收光谱法和发射光谱法有何异同？
3. 简述光学仪器的基本组成及其作用。
4. 简述常用的分光系统的组成及其作用。
5. 简述常用辐射源的分类、典型的光源及其应用范围。
6. 光的吸收定律的内容是什么？偏离光的吸收定律的主要因素有哪些？
7. 紫外-可见分光光度法对显色剂及显色反应有哪些基本要求？
8. 紫外-可见分光光度计的主要部件有哪些？分别有什么作用？
9. 请说出几种常用的空白溶液。

七、计算题

1. 吸光度为 0.20、0.60、1.00 时，对应的透光度为多少？透光度为 20%、60%、100% 时，对应的吸光度为多少？

2. 将已知浓度为 2.00 mg/L 的蛋白质溶液用碱性硫酸铜溶液显色，在 540 nm 波长下测得其吸光度为 0.300。另取试样溶液进行相同处理，在同样条件下测得其吸光度为 0.699，求试样中蛋白质浓度。测定吸光度时应选用何种光源？

3. 用二硫腙测定 Cd^{2+} 溶液的吸光度。已知 Cd^{2+}（Cd 的相对原子质量为112）的浓度为 140 μg/L，在 λ_{max}＝525 nm 波长处，用 l＝1 cm 的吸收池测得吸光度 A＝0.220，试计算 Cd^{2+} 的摩尔吸光系数。

（王　丹　贾贞贞）

第 3 章　原子吸收分光光度检测技术

知识目标

1. 了解原子吸收分光光度检测技术的原理、分类及应用。
2. 掌握共振线、吸收线、特征谱线的概念。
3. 掌握原子吸收分光光度计的光源、原子化器、分光系统、检测系统的主要部件的结构和工作原理。
4. 了解原子吸收分光光度检测技术的常用定量方法。
5. 了解原子吸收光谱法的主要干扰产生的原因,以及干扰的抑制方法。
6. 了解测定条件的选择以及测定结果的评价方法。

能力目标

1. 掌握原子吸收分光光度检测技术的常用定量方法的基本操作,掌握标准溶液的配制方法。
2. 能应用标准曲线法和标准加入法进行物质的含量测定。

原子吸收分光光度法(atomic absorption spectrophotometry,AAS)是基于物质所产生的气态基态原子对特征谱线的吸收作用来进行定量分析的一种方法,又称原子吸收光谱法。早在 1802 年,人们就发现了原子吸收现象(W. H. Wollaston 发现太阳连续光谱中的暗线),但是,原子吸收光谱作为一种实用的分析方法是在 1955 年才发展起来的。

原子吸收分光光度法与紫外-可见分光光度法有许多相似之处,如图 3-1 所示。

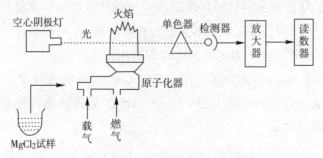

(a)原子吸收分光光度法示意图

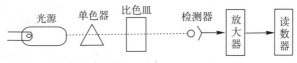

(b)紫外-可见分光光度法示意图

图 3-1　原子吸收分光光度法与紫外-可见分光光度法比较示意图

原子吸收分光光度法的优点如下：

(1)选择性好。由于原子吸收光谱谱线较窄,谱线重叠的概率较发射光谱小得多,即光谱干扰较小,因此,一般情况下,共存元素不对待测原子测定产生干扰,故原子吸收分光光度法具有较好的选择性。

(2)灵敏度高。火焰原子吸收法的检出限为 $1.0\times10^{-10}\sim1.0\times10^{-8}$ g/mL,非火焰原子吸收法的检出限为 $10^{-14}\sim10^{-12}$ g/mL。

(3)准确度高。火焰原子吸收法的相对误差<1%,石墨炉原子吸收法的相对误差为 3%～5%。

(4)应用范围广。原子吸收分光光度法既可测定金属元素,又可间接测定非金属元素和有机化合物,目前可直接测定的金属元素已超过 70 种,如图 3-2 所示。

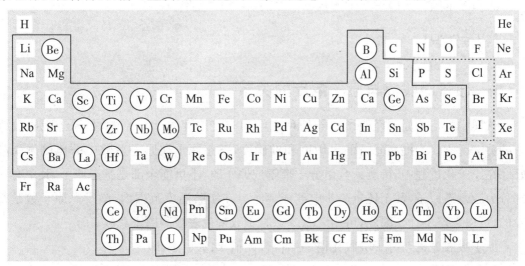

实线框内为可直接测定的元素;圆圈内的元素需要高温火焰原子化;虚线框内为可间接测定的元素

图 3-2　原子吸收分光光度法应用示意图

(5)分析速度快。仪器基本实现自动化,操作简便,可在短时间内完成大量样品的测定,且重现性好。

原子吸收分光光度法的不足之处在于测定不同的元素时需要更换光源灯,不利于多种元素的同时分析。

> **知识拓展**
>
> **检出限**
>
> 检出限是评价分析方法和测试仪器性能的重要指标,是指某一特定分析方法,在给定的显著性水平内,可被仪器检出待测物质的最小浓度或最小质量。检出是指定性检出,在检出限附近不能进行准确的定量。检出限可分为测量方法检出限和仪器检出限。

第1节　水中铜含量的测定

【目的】

应用标准曲线法测定水中铜含量。

【相关知识】

一、原子吸收值与原子浓度的关系

试样中的待测元素经原子化器处理产生的一定浓度的基态原子,是原子吸收分析中的关键因素。为提高分析的灵敏度和准确度,基态原子在原子总数中的比例越高越好。在原子化过程中,待测元素由分子离解成原子时,不可能全部是基态原子,其中有一部分为激发态原子,甚至还进一步电离成离子。在实验温度范围内,激发态原子数是很少的,可以忽略不计。因此,可用气态基态原子数来代表被测原子总数。

原子吸收光谱与分子吸收光谱一样符合朗伯-比尔定律,即

$$A = \lg \frac{I_0}{I_t} = KcL \tag{3-1}$$

式中,A 为吸光度,I_0 为光源发出的入射光强度,I_t 为透射光强度,K 为常数(可由实验测定),c 为样品的浓度(基态原子),L 为基态原子蒸气光径。式(3-1)表示吸光度与待测元素吸收辐射的原子总数(样品浓度)和火焰宽度(光径长度)的乘积成正比。

实际工作中,火焰宽度 L 为定值,因此,在一定浓度范围内,吸光强度与试样浓度成正比,即

$$A = K'c \tag{3-2}$$

式中,K' 为与实验条件有关的常数。由式(3-2)可知,吸光度与样品中待测元素的浓度

呈线性关系,此为原子吸收分光光度法的定量依据。

二、标准曲线法

原子吸收分光光度法的定量分析方法主要有标准曲线法、标准加入法、内标法等。这些定量方法都是以试样中待测元素的浓度(或含量)与吸光度之间的线性关系为依据,由标准溶液的浓度换算出样品中待测元素的含量。

标准曲线法是原子吸收分光光度法中最常用的定量分析方法之一。该方法步骤如下:首先,配制已知浓度的系列标准溶液,在一定的仪器条件下,依次测出它们的吸光度。以标准溶液的浓度为横坐标,以相应的吸光度为纵坐标,绘制标准曲线。然后,对试样进行适当处理,在与测量的标准曲线吸光强度相同的实验条件下测量吸光度。根据试样溶液的吸光度,在标准曲线上查出试样溶液中待测元素的含量,再换算成原始试样中待测元素的含量。

标准曲线法常用于分析共存的基体成分较为简单的试样。如果溶液中共存基体成分比较复杂,则应在标准溶液中加入相同类型和浓度的基体成分,以消除或减少基体效应带来的干扰,必要时须采用标准加入法进行定量分析。

(一)标准溶液的配制

火焰原子吸收法中常用的标准溶液浓度单位为 $\mu g/mL$,无火焰原子吸收法中常用的标准溶液浓度单位为 $\mu g/L$。

1. 标准储备液

一般选用高纯金属(99.99%)或待测元素的盐,将其精确溶解后配成 1 mg/mL 标准储备液。目前,可购买到多种元素的专用标准储备液。

2. 标准溶液

将标准储备液稀释即得到所需要的标准溶液。对于火焰原子吸收法,一般是将储备液稀释 1000 倍;对于无火焰原子吸收法,一般是将储备液稀释 $10^5 \sim 10^6$ 倍。

3. 标准溶液配制的注意事项

(1)配制标准储备液和标准溶液应使用去离子水,保证玻璃器皿纯净,防止污染。

(2)配制标准储备液和标准溶液所用的硝酸、盐酸应为优级纯。一般情况下,避免使用磷酸或硫酸。

(3)标准储备液要保持一定酸度,以防止金属离子水解,并存放在玻璃瓶或聚乙烯试剂瓶中。有些元素(如金和银)的储备液应存放在棕色试剂瓶中,避免阳光照射,但是,不可存储在寒冷的地方。

(4)有些金属离子标准储备液用去离子水稀释时,有可能产生沉淀而吸附溶液中的金属离子,使金属离子浓度降低。因此,在制备标准溶液时,常用 0.1 mol/L 酸溶液作溶剂稀释制备标准溶液。

(5)校准用的标准溶液长期使用后浓度容易改变,因此,应在每次测定前制备。

(6)标准储备液和标准溶液一般用酸溶解金属或盐类制成,长期储存有可能产生沉淀,或由于氢氧化和碳酸化而被容器壁吸附,从而改变浓度,因此,必须在有效期内使用。

(二)标准曲线的绘制

原子吸收光谱法中标准曲线的绘制和紫外-可见分光光度法中相似,其步骤为:在仪器推荐的浓度范围内,根据样品的实际情况配制一组(至少 3 份)浓度适宜的标准溶液,利用相应试剂配制空白溶液(参比溶液),按照规定启动仪器,用空白溶液调零,然后按浓度从低到高依次测定各浓度标准溶液的吸光度(一般每个样品连续进样 3 次),并记录读数。以各浓度标准溶液吸光度 A 的平均值为纵坐标,以相应浓度 c 为横坐标,绘制 A-c 标准曲线。

(三)待测试样溶液吸光度的测定

在完全相同的实验条件下,测定按照规定制备好的待测试样溶液(待测元素的浓度应在标准曲线浓度范围内)的吸光度(一般连续进样 3 次),取其平均值。

(四)计算试样中待测元素的含量

从标准曲线上查出待测试样溶液的吸光度所对应的浓度,便可计算出试样中待测元素的含量。为确保定量测定的精密度和准确度,使用标准曲线法时必须注意以下几点:

(1)所配制的标准溶液的浓度和相应吸光度应在线性范围内。

(2)在整个分析过程中,各测定条件应保持恒定。

(3)待测试样溶液和标准溶液所加试剂应一致。

标准曲线法仅适用于组成简单或共存元素没有干扰的样品,可用于同类大批量样品的分析,具有简单、快速的特点。这种方法的主要缺点是基体影响较大。

三、标准加入法

若待测试样的基体组成复杂,且对测定有明显影响,或待测试样的组成不明确,则可采用标准加入法进行定量分析,以消除基体的干扰。

操作方法:分别取 4 份(一般 4~5 份)体积相同的试样溶液,置于 4 个同体积的容量瓶中,从第二份起依次精密加入同一体积、不同浓度(各浓度间距应一致)的待测元素标准溶液,然后用溶剂稀释、定容至标线。在相同的实验条件下,分别测量各个试样溶液的吸光度(同一试样溶液连续测 3 次,求平均值),以各试样溶液吸光度的平均值为纵坐标,以相应浓度为横坐标,绘制 A-c 标准加入曲线。

如果试样不含待测元素,则曲线通过原点;反之,试样含待测元素,则曲线不通过原点,此时,应延长曲线与横坐标交于 $-c_x$,c_x 即所测样品中待测元素的浓度,如图 3-3 所示。

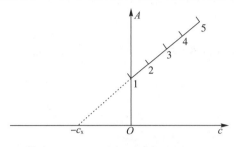

图 3-3 A-c 标准加入曲线

使用标准加入法时应注意以下几点:

(1)待测元素的浓度与其对应的吸光度在测定浓度范围内呈线性关系。

(2)为了得到较准确的外推结果,最少应取 4 个点来绘制标准加入曲线(外推曲线),且第一份加入的标准溶液与试样溶液浓度之比应适当。

(3)该方法可消除基体干扰,但不能消除背景吸收干扰。

(4)曲线斜率太小时(灵敏度差)可能有较大的误差。

【案例分析】

案例　《欧洲药典》规定雷米普利原料药中重金属钯的含量不大于 20 mg/kg。某药厂质检人员小王采用标准加入法,用火焰原子化器耗时 1 个多月完成了 40 个批次雷米普利原料药的检验,产品全部合格放行,准予销售,结果却收到原料药买方的律师函。因为买方复检发现重金属钯含量超标,要求赔偿相应损失。是什么原因导致这样的结果呢?

分析　原料药纯度较高,基体干扰小,分析时应选用操作简便、有利于大批量样品分析的标准曲线法。而小王选择的是标准加入法,使检验时间大大延长。此外,原料药中钯含量要求不大于 20 mg/kg,要求的检出限很低,应采用石墨炉原子化器。而小王却选择火焰原子化器。由于小王选择的分析方法不当,直接导致分析结果不准确,因而给公司带来了巨大的损失。由此说明,在实际检测中必须根据试样的具体情况选择分析方法和仪器。

【仪器与试剂】

1. 仪器

原子吸收分光光度计、铜空心阴极灯、无油空气压缩机、乙炔钢瓶、通风设备等。

2. 试剂

硝酸(优级纯)、高氯酸(优级纯)、铜标准储备液和蒸馏水。

【内容与步骤】

1. 试样预处理

取 100 mL 水样,放入 200 mL 烧杯中,加入 5 mL 硝酸,在电热板上加热消解,浓缩至 10 mL 左右,加入 5 mL 硝酸和 2 mL 高氯酸,继续消解,直至浓缩为 1 mL 左右。

2. 试样测定

根据参数选择分析线,调节火焰。仪器用 0.2% 硝酸调零,吸入空白样和试样,测量其吸光度。扣除空白样吸光度后,从标准曲线上查出试样中的金属浓度。

3. 标准曲线绘制

分别准确移取铜标准溶液(用 0.2% 硝酸稀释金属储备液配制而成,每毫升溶液含铜 50.0 μg)0.00 mL、0.50 mL、1.00 mL、3.00 mL、5.00 mL、10.00 mL,置于 6 个 100 mL 容量瓶中,用 0.2% 硝酸稀释定容。接着按样品测定的步骤测量吸光度,用经空白校正的各标准溶液的吸光度对相应的浓度作图,绘制标准曲线。

【数据记录与处理】

1. 数据记录

项目	1	2	3	4	5	6
$V_{标}$/mL	0.00	0.50	1.00	3.00	5.00	10.00
$A_{标}$						

2. 数据处理

根据以上数据绘制 A-c 标准曲线,并在曲线上求出待测液的 c_{Cu}。

思考题

1. 简述原子吸收分光光度法的基本原理。
2. 空心阴极灯的作用是什么?

知识链接

一、吸收光谱的产生

(一)共振线

当光辐射通过原子蒸气,且辐射的频率等于原子中的电子由基态跃迁至较高能态所需的能量频率时,原子从辐射中选择性地吸收能量,电子由基态跃迁至激发态,同时产生原子吸收光谱,其光谱照影是一些暗线。

在正常情况下,原子处于能量最低、最稳定的状态(基态,E_0)。当基态原子受到外界能量激发时,其最外层电子可跃迁至能量较高的能级(激发态,E_j)。每种元素的原子都只有一个基态和一系列确定能级的激发态,因此,每种元素的原子只能发生特定能级间的跃迁,如图3-4所示。

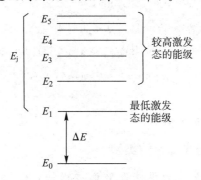

图3-4 原子能级跃迁示意图

激发态的原子很不稳定,可在极短的时间内辐射出一定频率的光子,然后回到基态。原子吸收或辐射的光子能量等于电子跃迁时两个能级的能量差[式(3—3)],故激发态原子回到基态辐射光子的波长(λ)与基态原子跃迁至该激发态时所吸收的光子的波长(λ)相同。

$$\Delta E = E_j - E_0 = h\frac{c}{\lambda} \tag{3—3}$$

当原子受到外界能量激发时,其外层电子从基态跃迁至激发态所产生的吸收谱线称为共振吸收线。原子外层电子由激发态直接回到基态时所辐射的谱线称为共振发射线。共振吸收线和共振发射线统称为共振线。由于原子由基态跃迁至第一激发态(E_1)所需能量最低,因此这种跃迁最易发生,对大多数元素而言,该谱线吸收最强,称为第一共振线,是元素最灵敏的谱线。

(二)分析线

各种元素的原子结构和外层电子的分布不同,相应的基态和各激发态之间的能量差也不同,因此,不同元素原子的共振线各不相同。原子吸收光谱法就是利用处于基态的待测原子蒸气对从光源发射的特征共振线(分析线)的吸收来进行分析的。通常采用元素的灵敏线或次灵敏线。

> **知识拓展**
>
> **分析线**
>
> 通常选用共振吸收线作为分析线,测量高含量元素时,可选用灵敏度较低的非共振线作为分析线。如测 Zn 时常常选用最灵敏的共振线(213.9 nm),但当 Zn 的含量高时,为保证标准曲线的线性范围,可改用次灵敏线(307.5 nm)进行测量。As、Se 等的共振线在 200 nm 以下的远紫外区,对火焰组分有明显吸收,因此,用火焰原子吸收法测定这些元素时,不宜选用共振吸收线作为分析线,或者改用无火焰原子吸收法进行测定。由于空气对 Hg 的共振线(184.9 nm)有强烈吸收,因此,只能改用次灵敏线(253.7 nm)进行测定。

二、原子吸收分光光度计

(一)原子吸收分光光度计的类型

近年来,原子吸收分光光度法发展速度很快,相应的仪器的种类和型号也越来越多。其中,最为常见的是单光束型原子吸收分光光度计和双光束型原子吸收分光光度计。

1. 单光束型原子吸收分光光度计

单光束型原子吸收分光光度计是最早出现的一类原子吸收分光光度计,其优点是结构简单、灵敏度高、价格低廉、应用比较广泛。其缺点是不能消除光源波动的影响,易造成基线漂移,影响测定的准确度和精密度。因此,空心阴极灯要预热一定时间,待稳定后才能测定,影响分析速度。

2. 双光束型原子吸收分光光度计

双光束型原子吸收分光光度计通过切光器将光源分成两个光束,其中一束通过火焰作为测量光束,另一束不通过火焰作为参比光束。两个光束交替进入单色器和检测器,测其比值。由于两个光束来自同一光源,检测器输出的是两个光束的信号进行比较的结果,因此,即使光源强度、检测器灵敏度发生变化,也能稳定地进行测量。另外,其精密度和准确度均较单光束型原子吸收分光光度计高,光源无需预热,相应延长了光源的使用寿命,分析速度快。

(二)原子吸收分光光度计的主要部件

以单光束型原子吸收分光光度计为例,原子吸收分光光度计由四部分组成,包括光源、原子化器、分光系统和检测系统,如图 3-5 所示。

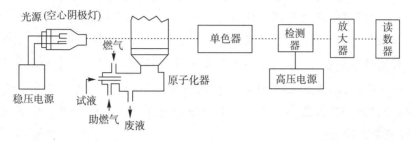

图 3-5　单光束型原子吸收分光光度计结构示意图

1. 光源

光源的作用是发射待测元素的特征谱线,具有辐射强度足够大、稳定性高、使用寿命长等特点。常见的光源有空心阴极灯、蒸气放电灯及高频无极放电灯等。此处介绍结构简单、操作方便、目前应用最广泛的空心阴极灯。

空心阴极灯是一种特殊的辉光放电管,由一个空心圆筒形阴极(由待测元素的纯金属或合金制成)和一个阳极(钨棒)组成。阴极和阳极固定在硬质玻璃管中,管内充入一定压强的惰性气体,一般是氖或氩(图 3-6)。在阳极和阴极间施加一定的直流电压时,可点燃空心阴极灯。在电场的作用下,阴极发射出的电子高速射向阳极,在此过程中与惰性气体原子碰撞,使其电离。在电场的作用下,带正电荷的惰性气体离子高速飞向阴极内壁,轰击阴极表面,使金属原子溅射出来。这些溅射的金属原子在阴极放电区与飞行中的电子、惰性气体原子、离子发生碰撞,被激发发射出该金属原子的特征共振谱线,从石英窗口射出。

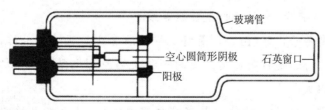

图 3-6　空心阴极灯结构示意图

空心阴极灯发射的光谱主要是阴极元素的光谱,其中也夹杂着内充气体和阴极中杂质元素的光谱。因此,用不同的待测元素作为阴极材料可制成各种待测元素的空心阴极灯。

使用空心阴极灯的注意事项：

(1)不得超过已规定的最大电流,否则可发生永久性损坏。

(2)采用较高电流操作时,有些元素的标准线可出现严重弯曲。阴极原子雾团中的基态原子可吸收发射出的辐射,出现自吸收效应而降低灵敏度。这种现象会随灯电流增加而越发严重。

(3)空心阴极灯在使用前应预热一段时间,使灯的发射强度达到稳定。预热时间的长短与灯的类型、元素种类、仪器类型有关。对于单光束仪器,空心阴极灯预热时间通常应在 30 min 以上；对于双光束仪器,由于参比光束和测量光束的强度同时变化,其比值恒定,能使基线很快稳定,空心阴极灯预热时间可以缩短。使用空心阴极灯前,若在施加 1/3 工作电流的情况下预热 0.5~1.0 h,并定期活化,可延长使用寿命。

(4)对于大多数元素,日常分析的工作电流宜保持在额定电流的 40%~60%,可保证稳定、合适的锐线光强输出。通常对于高熔点的镍、钴、钛、锆等的空心阴极灯,使用电流可大些；对于低熔点、易溅射的铋、钾、钠、锗、镓等的空心阴极灯,在吸收值满足需求的前提下,以使用较小电流为宜。

2. 原子化器

原子化器的作用是提供合适的能量,将试样中的待测元素转变为原子蒸气(气态基态原子)。由于原子化器的性能直接影响测定的灵敏度和重复性,因此,要求它具有原子化效率高、记忆效应弱和噪声小等特点。原子化的方法可分为火焰原子吸收法和无火焰原子吸收法。其中前者应用较普遍,而无火焰原子吸收法近年来发展很快,应用也越来越广泛。

(1)火焰原子化器。火焰原子化器是利用可燃性气体和助燃气燃烧产生的高温火焰使待测元素原子化的装置,分为全消耗型和预混合型两类。

全消耗型原子化器是将试样溶液直接喷入火焰内,其结构比较简单,使用比较安全,常用于燃气燃烧速度快、试样溶剂具有可燃性的样品分析,但具有火焰不稳定、噪声大、有效吸收光程短等缺点。

预混合型原子化器(图 3-7)是将试样溶液雾化后再喷入火焰,具有火焰稳定、噪声小等优点,是目前应用广泛的一种火焰原子化器,主要由雾化器、雾化室和燃烧器组成。

①雾化器。雾化器的作用是将试样溶液雾化,使之在火焰中产生较多且稳定的基态原子。由于雾化器的性能对测定精密度和干扰因素等有显著影响,因此,要求其雾化效率高、雾粒细小、均匀且稳定,目前普遍采用的是同轴型雾化器。高压助燃气通过毛细管外壁和喷嘴口构成的环形间隙时,可形成一个负压区,将试样溶液从毛细管吸入,使其在出口处被高速气流分散成气溶胶(即

雾滴)。雾滴与雾化器前的撞击球碰撞,进一步分散成细雾。影响雾化的因素有很多,如溶液的表面张力和黏度等物理性质、毛细管孔径的变化、助燃气的流速等。因此,在分析时应注意选择合适的条件及定量方法,以消除这些影响。

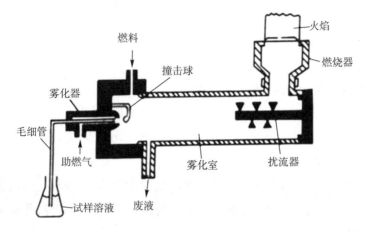

图 3-7　预混合型原子化器结构示意图

② 雾化室。雾化室的作用是使雾粒进一步雾化,同时与燃气、助燃气均匀混合后进入燃烧器。雾化室中除装有撞击球外,还装有扰流器,对较大的雾滴有阻挡作用,可使其沿室壁流入废液管并排出。扰流器可使气体混合均匀,使火焰稳定,降低噪声。这种气动雾化效率比较低(5%～15%),一般为10%,大量试样溶液被排出。这是影响提高火焰原子吸收法灵敏度与降低检出限的主要因素。

③ 燃烧器。燃烧器的作用是产生火焰,在高温下使进入火焰的待测元素原子化。燃烧器应能旋转一定的角度,高度也能上下调节,以便选择合适的火焰部位进行测量。使用燃烧器时应注意先开助燃气,后开燃气,关闭时相反,点燃 10 min 后再工作。

④ 火焰。火焰的作用是使待测物质分解形成基态自由原子。火焰的性质与燃气和助燃气的种类和配比等有关,见表 3-1。

表 3-1　几种常用火焰的组成和性质

火焰组成		化学计量火焰的流速/(L/min)		燃烧速度/(cm/s)	最高温度/K
助燃气	燃气	助燃气	燃气		
空气	丙烷	8	0.4	82	2200
空气	氢气	8	6	320	2300
空气	乙炔	8	1.4	160	2500
一氧化二氮	乙炔	10	4	220	3200

空气-乙炔火焰是使用最广泛的火焰,它的火焰温度较高,燃烧稳定,噪声小,重现性好,能应用于30多种元素的分析。另一种常用火焰是一氧化二氮-

乙炔火焰，它的火焰温度高，近 3000 K，是目前唯一能广泛应用的高温火焰。它的干扰少，还具有很强的还原性，可使许多难离解元素的氧化物分解并原子化，如 Al、B、Ti、V、Zr、稀土元素等，可用于 70 多种元素的分析。在使用这种火焰时应特别注意安全，因为使用的气体属于易爆气体，而且一氧化二氮对人体有刺激性作用，所以，应严格地控制操作条件，遵守操作规程，以避免偏离最佳分析条件，防止事故的发生。

火焰的性质与燃气和助燃气的比例有关，按燃气和助燃气的比例可将火焰分为三类：

①计量火焰，又称中性火焰，这种火焰的燃气与助燃气的比例等于它们之间的化学反应计量比。

②贫燃性火焰，又称氧化性火焰，这种火焰的燃气与助燃气的比例小于化学反应计量比，具有氧化性强、温度较低的特点，可用于易离解、易电离的元素如碱金属的分析。

③富燃性火焰，又称还原性火焰，这种火焰的燃气与助燃气的比例大于化学反应计量比，燃烧不完全，温度较低，火焰呈黄色，具有还原性强、背景高、干扰较多、不如中性火焰稳定的特点，适用于易形成难离解氧化物的元素如 Cr、Ba、Co、稀土元素等的分析。

火焰原子化器操作简便，重现性好，精密度高，但原子化效率低，自由原子在吸收区停留时间短，限制了测定灵敏度的提高。除此之外，火焰原子化器要求试样量较大（一般为几毫升），且无法直接分析黏稠试样和固体试样，因此，不宜用于生物试样的分析。近年来，随着分析技术和方法的不断提高和改进，火焰原子化器在试样用量、测定灵敏度等方面有了很大的改进。如脉冲雾化技术、原子捕集技术及流动注射技术，可使样品量大大减小。

(2)无火焰原子化器。无火焰原子化器是利用电热、阴极溅射等离子体或激光等方法，使试样中待测元素形成基态自由原子。目前，广泛应用的无火焰原子化器是石墨炉原子化器。它的特点是：①原子化效率高，几乎达 100%。②基态自由原子在吸收区停留时间长，绝对灵敏度为 $10^{-14} \sim 10^{-12}$ g。③试样用量少，液体为几微升至十几微升，固体为几毫克，且几乎不受试样形态限制，可直接分析悬浮液、乳状液、黏稠液体和一些固体试样。④能直接测定共振吸收线位于真空紫外区域的一些元素，因为石墨炉的保护气体（如氩气等）在真空紫外区域几乎无吸收。⑤操作在封闭系统中进行，适用于有毒物质分析。但是，与火焰原子化器相比，无火焰原子化器有精密度稍低、干扰较大、操作程序复杂、不易选择最佳条件等缺点。

图 3-8 所示是石墨炉原子化器结构示意图，石墨炉通过铜电极供电，通电

后可产生 3000 K 左右的高温。电极周围用水冷却,样品由进样孔注入石墨管。为了保护石墨和样品不受空气氧化,管内通以氩气或氮气等惰性气体。

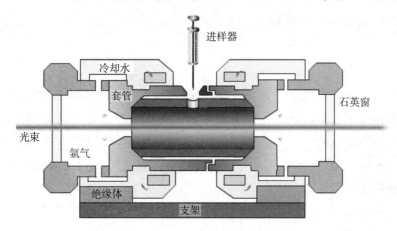

图 3-8　石墨炉原子化器结构示意图

石墨炉工作时,要经过干燥、灰化、原子化和除残四个阶段,各阶段对应着一定的升温程序(图 3-9)。干燥的目的是蒸发样品中的溶剂或水分,通常干燥温度高于溶剂沸点。灰化的作用是减少或消除试样在原子化过程中可能带来的干扰。这种干扰主要来自于样品组分的分子吸收和烟雾等微粒的光散射。在灰化过程中,尽可能除去干扰组分而不至于损失待测组分。原子化温度随元素而异,一般为 1800~3000 K,在保证待测元素完全原子化的前提下,原子化时间越短越好,一般为 5~10 s。试样测定完毕,通常使用高温(大电流)按钮操作,在短时间内将残渣除去,开始新的样品测定。一般仪器还备有自动进样器和自动升温控制。

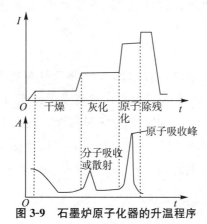

图 3-9　石墨炉原子化器的升温程序

除石墨炉原子化器外,还有一些其他的无火焰原子化装置,如石墨坩埚、石墨棒、钽舟、镍杯、高频感应加热炉以及氢化物原子化装置、冷原子化装置等。

> **思考题**
>
> 请比较火焰原子化器和石墨炉原子化器的特点。

3. 分光系统

原子吸收分光光度法应用的波长范围一般是紫外光区和可见光区,其分光系统又称为单色器,由光栅、凹面镜和狭缝组成。单色器可将待测元素的共振吸收线与邻近线分开。单色器置于原子化器之后,可防止原子化器内的干扰辐射进入检测器,也可避免光电倍增管疲劳。锐线光源的谱线比较简单,对单色器分辨率要求不高。

4. 检测系统

原子吸收分光光度计的检测系统与紫外-可见分光光度计的检测系统基本相同,均采用光电倍增管作为检测器,将检测到的光信号转变为电信号,经检波和放大后,再由对数变换器对信号进行变换,最后由读数装置显示测定结果。

> **思考题**
>
> 请说出原子吸收分光光度计的主要部件及其作用。

三、干扰及抑制

总的来说,原子吸收分光光度法干扰比较少,但在实际工作中还是不能忽略的。主要干扰有物理干扰、化学干扰、电离干扰、光谱干扰和背景吸收。

(一)物理干扰

物理干扰是指试样溶液与标准溶液的物理性质有差别而产生的干扰,也称基体效应。例如,黏度、表面张力或溶液密度等的变化,影响样品的雾化和气溶胶传送到火焰的过程,进而引起原子吸收强度的变化。

为消除物理干扰,可配制与待测试样组成相近的标准溶液。在试样组成不完全清楚的情况下,可采用标准加入法。若试样溶液浓度高,则可采用稀释法。

(二)化学干扰

化学干扰是指待测元素与干扰组分在溶液中或在原子化过程中发生化学反应而影响待测元素化合物的离解和原子化。化学干扰有增感效应和降感效应两种。增感效应是干扰组分能与待测物质元素形成低熔点、高挥发性、易离解的化合物,使原子化程度提高,导致吸光度增大。例如,Ta、Nb 的氧化物难离解,当有 F^- 存在时,可与之形成相应易挥发、易离解的氟化物,使灵敏度提高。降感效应是指共存物质与干扰组分形成高熔点、低挥发性、难离解的化合物,使基态原子难于产生,导致结果偏低。例如,测钙时,若磷酸根离子存在,则两者反应生成高熔点的磷酸钙,使测定结果偏低。

消除化学干扰的方法有以下几种:

(1)选择合适的原子化方法。提高原子化温度,会减小化学干扰。使用高温火焰或提高原子化温度,可使难离解的化合物分解,如在高温火焰中磷酸根离子不干扰钙的测定。采用还原性火焰与石墨炉原子吸收法,可使难离解的氧化物还原分解。

(2)加入释放剂。释放剂能与干扰组分生成比待测元素更稳定的化合物,从而将待测元素释放出来。例如,磷酸根离子干扰钙的测定,可在试样溶液中加入镧盐、锶盐,使其与磷酸根离子生成更稳定的磷酸盐从而释放出钙。加入镧盐或锶盐,也可防止铝对镁测定的干扰。

(3)加入保护剂。保护剂可与待测元素生成易分解的或更稳定的配合物,防止待测元素与干扰组分生成难离解的化合物。保护剂一般是有机配合剂,用得最多的是 EDTA 和 8-羟基喹啉。例如,磷酸根离子干扰钙的测定,当加入 EDTA 后,EDTA-Ca 更稳定而又易被破坏。当铝干扰镁的测定时,8-羟基喹啉可作保护剂。

(4)加入基体改进剂。在石墨炉原子吸收法中,在试样中加入基体改进剂,使其在干燥或灰化阶段与试样发生化学变化,其结果可能增加基体的挥发性或改变待测元素的挥发性,以消除干扰。例如,测定海水中的镉,为了使镉在背景信号出现前原子化,可加 EDTA 来降低原子化温度以消除干扰。

(5)加入缓冲剂。这种方法是将过量的干扰组分分别加入试样和标准溶液中,从而使干扰影响稳定,即基体一致化。例如,在用一氧化二氮-乙炔火焰测定钛时,铝对测定有干扰,但当铝的浓度大于 200 mg/L 时,其干扰影响趋于稳定。因此,可在钛的试样和标准溶液中均加入 200 mg/L 以上的铝,从而使干扰影响达到稳定。不过这种方法的副作用是同时降低了待测元素的测定灵敏度。

当以上方法不能消除化学干扰时,只能采用化学分离的方法,如溶剂萃取法、离子交换法和沉淀分离法,其中用得最多的是溶剂萃取法。

(三)电离干扰

电离干扰是指待测元素原子在原子化过程中发生电离,使参与吸收的基态原子数减少而造成吸光度下降的现象。原子发生电离的可能性主要取决于其电离电位。电离电位越低,电离干扰越严重。但是,当原子化温度较高时,即使电离电位较高,也可能发生不同程度的电离,如铝在一氧化二氮-乙炔火焰中的电离。

消除电离干扰最有效的方法是在标准溶液和试样溶液中均加入过量的消电离剂。消电离剂是比待测元素电离电位低的元素。在相同条件下,消电离剂首先电离产生大量的电子,抑制待测元素电离。例如,测钙时有电离干扰,可加入过量的KCl溶液来消除干扰。钙的电离电位为6.1 eV,钾的电离电位为4.3 eV,由于钾电离产生大量电子,使Ca^{2+}得到电子而生成原子。

$$K \longrightarrow K^+ + e^-$$
$$Ca^{2+} + 2e^- \longrightarrow Ca$$

除此之外,还可以通过降低火焰温度或用标准加入法来消除电离干扰。

(四)光谱干扰

光谱干扰是指光谱通带对吸光度的影响。光谱干扰主要有以下两种:

(1)吸收线重叠。当共存元素吸收线与待测元素分析波长很近时,两谱线重叠或部分重叠,会使分析结果偏高,如图3-10(a)所示。消除干扰的方法是选择待测元素的其他吸收线或对试样中的干扰元素进行预先分离。

(2)光谱通带内存在非吸收线。这些非吸收线可能是待测元素的其他共振线或非共振线,也可能是光源中杂质的谱线。如图3-10(b)所示,在所用的光谱通带内,除了待测元素所吸收的谱线之外,还有其他不被吸收的谱线,它们同时到达检测器,又同时被检测器检测,从而造成干扰。这种干扰相当于对吸光度起了"冲淡"作用,将导致标准曲线斜率(及灵敏度)降低,使标准曲线高浓度部分向浓度轴倾斜。可减小狭缝宽度与灯电流,或另选分析线消除干扰。

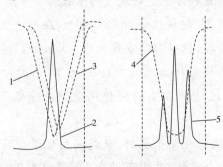

(a)共存元素干扰吸收 (b)非吸收线的干扰
1—吸收线;2—发射线;3—干扰吸收线;4—吸收线;5—发射线
图3-10 光谱干扰

(五)背景吸收

背景吸收是一种来自原子化器的连续光谱干扰,包括分子吸收、光的散射和折射及火焰气体的吸收等。由于这种吸收主要发生在特征谱线较多的远紫外区,且吸收的谱线范围较宽,因此,常常导致分析结果偏高。

1. 背景吸收的种类

(1)分子吸收。这种吸收主要由原子化器中的碱金属和碱土金属盐以及无机酸等分子对分析线的吸收造成。例如,$NaCl$、KCl、KNO_3 等在紫外光区有很强的分子吸收带;在波长小于 250 nm 时,H_2SO_4 和 H_3PO_4 等分子有很强的吸收,而 HNO_3 和 HCl 的吸收却较小。这是因为原子吸收分光光度法中常用 HNO_3、HCl 及它们的混合液作为试样预处理中的主要试剂。

(2)光的散射和折射。散射和折射主要是因为原子化过程中产生的固体微粒与光子发生碰撞,使部分光不能进入单色器而形成假吸收。波长越短,基体物质浓度越大,影响就越大。

(3)火焰气体的吸收。火焰气体中含有许多未燃烧完全的分子或分子碎片,特别是富燃火焰中更多。这些粒子在紫外光区,特别是波长小于 250 nm 时有很强的吸收。这种吸收可以通过改变燃气与助燃气的种类与配比来消减,也可用调零的方法加以消除。

2. 背景吸收校正

背景吸收校正的方法主要有邻近线背景校正法、氘灯背景校正法和塞曼效应校正背景法。

(1)邻近线背景校正法。邻近线背景校正法采用一条与分析线相近的非吸收线进行校正。由于待测元素基态原子对它无吸收,而背景吸收的范围较宽,因此,对它仍然有吸收,以 $A_背$ 表示。分析时背景和待测元素对分析线都产生吸收,因而获得的吸光度为 $A_测 + A_背$。两者之差即待测元素的净吸光度值[式(3—4)]。

$$\Delta A = (A_测 + A_背) - A_背 = A_测 = Kc \quad (3-4)$$

当然,这种方法必须在背景吸收对两条线的吸收能力一致或相近时才能成立。同时,为了使分析结果更为准确,最好用双道型的仪器对分析线和邻近线同时进行分析加以校正。邻近线可以是待测元素的谱线,也可以是其他元素的谱线,但与分析线波长相差不应超过 10 nm,否则校正效果可能不理想。

(2)氘灯背景校正法。这种方法是用一个连续光谱(氘灯)与锐线光源的谱线交替通过原子化器并进入检测器。当氘灯发生的连续光谱通过时,原子吸收减弱的光强相对于总入射强度来说可以忽略不计。目前,原子吸收分光光度计上一般都配有氘灯校正背景装置,工作时检测器交替接收 $I_{t阴}$ 和 $I_{t氘}$ 并以其比值的对数作为测量信号。由于氘灯的光谱区域在 180~370 nm, 因此它仅适用于紫外光区的背景校正,对可见光区的背景校正可采用卤钨灯作为校正光源。

(3)其他校正方法。原子吸收分光光度法中还有两种较为常用的背景校正方法,即塞曼效应校正背景法和自吸收效应校正背景法。塞曼效应校正背景法的特点是能在 190~900 nm 波长范围内有效地扣除吸光度值高达 1.7 的背景吸收。自吸收效应校正背景法的特点是校正范围大(紫外光区、可见光区)、校正能力强(能扣除背景吸收值达 2.0)、仪器结构简单,但是,这种方法会影响空心阴极灯的寿命。

第 2 节 血清中铬含量的测定

【目的】

应用石墨炉原子吸收法(无火焰原子吸收法)测定血清中痕量铬。

【相关知识】

火焰原子吸收法应用广泛,但由于雾化效率低,火焰气体的稀释使火焰中原子浓度降低,高速燃烧使基态原子在吸收区停留时间缩短,因此,灵敏度受到限制。而石墨炉原子吸收法利用高温石墨管(3000 ℃)使试样完全蒸发,充分原子化,试样利用率几乎达 100%,自由原子在吸收区停留时间长,故灵敏度比火焰原子吸收法高 100~1000 倍,试样用量仅为 5~100 μL,而且可以分析悬浊液和固体样品。它的缺点是干扰大,必须进行背景扣除,且操作比火焰原子吸收法复杂。

用石墨炉原子吸收法测定血清中痕量元素,灵敏度高,样品用量少。为了消除基体干扰,通常采用标准加入法或配制系列标准溶液进行检测。

【仪器与试剂】

1. 仪器

原子吸收分光光度计、铬空心阴极灯、氩气钢瓶、50 μL 微量注射器、1000 mL 容量瓶、100 mL 容量瓶、10 mL 移液管、5 mL 移液管、微量注射器等。

2. 试剂

100 μg/mL 铬储备液(称取 0.3735 g 干燥的 $K_2Cr_2O_7$,溶于去离子水,并于 1000 mL

容量瓶中定容)、200 g/L 葡聚糖溶液、新鲜血清等。

【内容与步骤】

1. 配制系列标准溶液

将 100 μg/mL 铬储备液逐级稀释成 0.10 μg/mL 铬的标准溶液,在 5 个 100 mL 容量瓶中分别加入 0.10 μg/mL 铬标准溶液 0.00 mL、0.50 mL、1.00 mL、1.50 mL、2.00 mL 和葡聚糖溶液 15 mL,用去离子水稀释至刻度,摇匀。

2. 调试仪器

开机预热,开启冷却水和保护气体开关。按下面的实验条件将仪器调试至最佳工作状态。

项目	参数	项目	参数
吸收线波长	357.9 nm	狭缝宽度	"2"挡
灯电流	5 mA	进样量	50 μL
干燥温度	100~130 ℃	干燥时间	100 s
灰化温度	1100 ℃	斜坡升温灰化时间	120 s
原子化温度	2700 ℃	原子化时间	10 s
进行背景校正			

3. 测定标准溶液和试样的吸光度

测定标准溶液和试样空白溶液的吸光度。自动升温,空烧石墨管并调零,然后按浓度从小到大依次测定空白溶液和系列标准溶液的吸光度,进样量为 50 μL,每个溶液测 3 次,取平均值。

测定血清样品吸光度。在相同条件下测 3 次,取平均值,每次取样 50 μL。

4. 结束工作

实验结束,按要求关好气源、电源,并将仪器开关旋钮置于初始位置。

【注意事项】

(1)实验前应检查通风是否良好,确保试验中产生的废气排出室外。

(2)使用微量注射器时要严格按规范进行操作,防止损坏。

【数据记录与处理】

1. 数据记录

项目	1	2	3	4	5
$c_{标}/(\mu g/kg)$	0.00	0.50	1.00	1.50	2.00
$A_{标}$					

2. 数据处理

绘制标准曲线,并用血清试样的吸光度从标准曲线中查得样品溶液 Cr 的浓度。

> 知识链接

一、分析条件的选择

(一)分析线

(1)一般情况下选择第一共振线。

(2)对高浓度样品,为改善标准曲线的线性范围,可选择灵敏度较低的谱线(次灵敏线)。

(3)As(砷)、Se(硒)、Hg(汞)等元素的最灵敏线位于远紫外区,火焰的吸收很强,不宜选用共振线。

(二)空心阴极灯的工作电流

为延长空心阴极灯的使用寿命,在保证稳定和适宜光强输出的情况下,尽量选用低的工作电流,一般设置为空心阴极灯最大额定电流的 1/2 至 2/3。如一盏新灯,其最大额定电流为 20 mA,可选 10 mA 作为其工作电流。

(三)狭缝宽度

选择狭缝宽度的原则为选择吸光度不减小的最大狭缝宽度。可采用以下方法确定:通过实验逐渐加大狭缝,当有邻近线或其他非吸收光通过狭缝时,吸光度不仅不增加,反而减小。

(四)火焰

(1)对于低、中温元素,选用空气-乙炔火焰,温度为 2300 ℃。

(2)对于高温元素,如 Al、Si、B 等,可选用一氧化二氮-乙炔火焰,温度为

3000 ℃。

(3)通过试验确定燃气和助燃气的最佳比例。用标准溶液测定吸光度,不断调节燃气和助燃气比例,当吸光度最大时,即为最佳比例。目前,一些自动化程度高的仪器可以自动完成上述工作。

(五)燃烧器高度

不同元素离解的难易程度不同,其基态原子在火焰中分布的高度也不同。燃烧器高度应通过试验来确定(上下移动燃烧器,吸光度最大时即为最佳高度)。

二、原子吸收分光光度法的应用

原子吸收分光光度法的主要特点是测定的灵敏度高、干扰小、简便快速、易于普及等。它对生物试样中元素含量的测定有较强的适应性,对试样一般不需做很复杂的处理,有些试样只要用适当的稀释剂稀释后,就可直接在仪器上分析。另外,它对试样量要求不多,如分析血液中一些常见元素,只需 1 mL 的量;同时还可以分析多种生物试样,如体液、组织、毛发和指甲等。对体液中含量较高的 K、Na、Ca、Mg、Fe、Cu、Zn 等元素,可通过稀释直接用火焰原子吸收法测定;试样量较少而元素的分析灵敏度较高时,如测定婴幼儿血清中 Cu、Zn,可用火焰脉冲雾化技术进行分析;对试样量少而含量又低的元素,如 Ni、Cr、Cd 和 Co 等,可用无火焰原子吸收法进行分析;对在火焰原子吸收法和石墨炉原子吸收法分析时干扰均较大的元素,如 Se、As、Ge 等,可用冷蒸气原子吸收分析技术进行分析。

(一)血清中钙和镁的测定

对人体体液中钙和镁的测定,目前常规临床检验中原子吸收分光光度法。在测定血清中钙和镁时,可直接在空气-乙炔火焰中分析经稀释(1∶20～1∶50)的样品。为防止磷酸根离子的干扰,在试样和标准溶液中均须添加 1%EDTA 溶液、0.5%镧溶液或 0.25%锶溶液。镧溶液只能在血清稀释后再加,否则会使蛋白质凝固,而用 EDTA 溶液时则不存在这个问题。当血清中蛋白质经高度稀释且有镧存在时,磷酸根离子对测定无明显干扰。如果使用去蛋白质的试样,可得到更好的重现性。

(二)组织试样中 Cu、Fe、Zn 的测定

取一小块组织试样,用去离子水洗净后烘干,放入坩埚中称重,并置于马弗炉中逐渐升温至 400 ℃,热解 4 h,取出,冷却后,用稀硝酸或稀盐酸溶解,再

用去离子水稀释至一定体积,用火焰原子吸收法直接测定。分析时,Cu 和 Fe 没有明显的干扰,但 Zn 的吸收线(213.9 nm)接近远紫外区,故要进行背景校正。这样可获得组织干重的元素含量。将组织洗净后,用吸水纸吸干组织表面,再直接处理、分析,这时为组织湿重的分析结果,但其数据不如干重法数据有意义。也可用浓硝酸对组织试样进行处理,这样可避免处理过程中元素的损失。

练 习 题

一、名词解释
1. 锐线光源
2. 共振线
3. 灵敏线
4. 分析线

二、单项选择题
1. 原子吸收光谱产生的原因是(　　)。
   A. 振动能级跃迁　　　　　　　　B. 原子最外层电子跃迁
   C. 分子中电子能级跃迁　　　　　D. 转动能级跃迁
2. 在原子吸收分光光度法中,原子蒸气对共振辐射的吸收程度与(　　)。
   A. 透射光强度成正比　　　　　　B. 原子化温度成正比
   C. 激发态原子数成正比　　　　　D. 基态原子数成正比
3. 特征辐射通过试样蒸气时被下列哪种粒子吸收?(　　)
   A. 激发态原子　　B. 离子　　C. 基态原子　　D. 分子
4. 在原子分光光度计中,采用最广泛的光源是(　　)。
   A. 空心阴极灯　　B. 无极放电灯　　C. 氢灯　　D. 钨灯
5. 原子吸收分光光度计光源的作用是(　　)。
   A. 发射很强的连续光谱
   B. 产生足够强度的散射光
   C. 提供试样蒸发和激发所需的能量
   D. 发射待测元素基态原子所吸收的特征共振辐射
6. 与单光束原子吸收分光光度计相比,双光束原子吸收分光光度计的优点是(　　)。
   A. 灵敏度高
   B. 可以消除背景的影响

C. 可以抵消因光源的变化而产生的误差

D. 便于采用最大的狭缝宽度

7. 空心阴极灯的主要操作参数是（　　）。
   A. 预热时间　　　B. 灯电压　　　C. 灯电流　　　D. 内充气体压力

8. 在原子吸收分析中，测定元素的灵敏度在很大程度上取决于（　　）。
   A. 光源　　　B. 检测系统　　　C. 分光系统　　　D. 原子化器

9. 与火焰原子吸收法相比，石墨炉原子吸收法的优点是（　　）。
   A. 灵敏度高　　　B. 分析速度快　　　C. 重现性好　　　D. 背景吸收小

10. 与无火焰原子吸收法相比，火焰原子吸收法的优点是（　　）。
    A. 选择性较强　　　B. 检出限较低　　　C. 精密度较高　　　D. 干扰较少

11. 原子吸收分光光度计的结构一般不包括（　　）。
    A. 空心阴极灯　　　B. 原子化器　　　C. 分光系统　　　D. 进样系统

12. 下列关于空心阴极灯使用注意事项的描述，不正确的是（　　）。
    A. 使用前一般要预热一段时间
    B. 长期不用，应定期点燃处理
    C. 低熔点的灯用完后，等冷却后才能移动
    D. 测量过程中可以打开灯室盖调整

13. 原子吸收分光光度法中，吸光物质的状态应为（　　）。
    A. 激发态原子蒸气　　　B. 基态原子蒸气
    C. 溶液中分子　　　D. 溶液中离子

14. 原子吸收分光光度计中单色器位于（　　）。
    A. 空心阴极灯之后　　　B. 原子化器之后　　　C. 分光系统　　　D. 检测系统

15. 对于大多数元素，日常分析的工作电流建议采用额定电流的（　　）。
    A. 30%～40%　　　B. 40%～50%　　　C. 40%～60%　　　D. 50%～60%

16. 火焰原子吸收法中，试样的进样量一般以（　　）为宜。
    A. 1～2 mL/min　　　B. 3～6 mL/min　　　C. 7～10 mL/min　　　D. 9～12 mL/min

17. 火焰类型的选择依据主要是（　　）。
    A. 分析线波长　　　B. 灯电流大小　　　C. 狭缝宽度　　　D. 待测元素性质

18. 原子吸收定量方法的标准加入法可消除的干扰是（　　）。
    A. 基体效应　　　B. 背景吸收　　　C. 光散射　　　D. 电离干扰

19. 下列不属于原子吸收分光光度计组成部分的是（　　）。
    A. 光源　　　B. 单色器　　　C. 吸收池　　　D. 检测器

20. 原子吸收分光光度法中，对于组成复杂、干扰较多而又不清楚组成的样品，可采用的定量方法是（　　）。

A. 标准加入法　　　B. 标准曲线法　　　C. 直接比较法　　　D. 标准曲线法

21. 原子吸收分光光度法中,适合于高含量组分分析方法的是(　　)。
    A. 标准曲线法　　　B. 标准加入法　　　C. 稀释法　　　　D. 内标法
22. 在原子吸收分光光度法中,要求标准溶液和试样溶液的组成尽可能相似,且在整个分析过程中操作条件保持不变的分析方法是(　　)。
    A. 内标法　　　　B. 标准加入法　　　C. 归一化法　　　D. 标准曲线法
23. 原子吸收分光光度计工作时须用多种气体,下列气体中不是 AAS 使用的气体是(　　)。
    A. 空气　　　　　B. 乙炔气　　　　　C. 氮气　　　　　D. 氧气
24. 原子吸收分光光度计噪声过大,分析其原因可能是(　　)。
    A. 电压不稳定
    B. 空心阴极灯有问题
    C. 灯电流、狭缝、乙炔气和助燃气流量的设置不适当
    D. 燃烧器缝隙被污染
25. 原子吸收空心阴极灯的灯电流应该(　　)打开。
    A. 快速　　　　　B. 慢慢　　　　　　C. 先慢后快　　　D. 先快后慢
26. 原子吸收分光光度法中,噪声干扰主要来源于(　　)。
    A. 空心阴极灯　　B. 原子化器　　　　C. 喷雾系统　　　D. 检测系统
27. 原子吸收分光光度法的背景干扰表现为(　　)形式。
    A. 火焰中待测元素发射的谱线　　B. 火焰中干扰元素发射的谱线
    C. 光源产生的非共振线　　　　　D. 火焰中产生的分子吸收
28. 原子吸收分光光度法的特点不包括(　　)。
    A. 灵敏度高　　　B. 选择性好　　　　C. 重现性好　　　D. 一灯多用
29. 一般情况下,原子吸收分光光度法测定时总是希望光线从(　　)的部分通过。
    A. 火焰温度最高　　　　　　　　B. 火焰温度最低
    C. 原子蒸气密度最大　　　　　　D. 原子蒸气密度最小
30. 原子吸收检测中消除物理干扰的主要方法是(　　)。
    A. 配制与待测试样相似组成的标准溶液　B. 加入释放剂
    C. 使用高温火焰　　　　　　　　　　　D. 加入保护剂

三、多项选择题

1. 与火焰原子吸收法相比,石墨炉原子吸收法的优点有(　　)。
   A. 重现性好　　　　　　　　　B. 分析速度快
   C. 灵敏度高　　　　　　　　　D. 可直接测定固体样品
   E. 共存物质干扰小

2. 与火焰原子吸收法相比,石墨炉原子吸收法的缺点有(   )。
   A. 原子化效率低   B. 重现性差
   C. 精密度差   D. 单试样分析时间较长
   E. 某些元素能形成耐高温的稳定化合物
3. 常用的火焰原子化器的结构包括(   )。
   A. 燃烧器   B. 雾化室   C. 雾化器   D. 石墨管
4. 预混合型火焰原子化器的组成部件包括(   )。
   A. 雾化器   B. 燃烧器   C. 石墨管   D. 雾化室
5. 下列关于高压气瓶存放及安全使用的说法,正确的有(   )。
   A. 气瓶内气体不可用尽,以防倒灌
   B. 使用钢瓶中的气体时要用减压阀,各种气体的减压阀可通用
   C. 气瓶可混用,没有影响
   D. 气瓶应存放于阴凉、干燥、远离热源的地方
6. 原子吸收检测中的干扰可以分为(   )。
   A. 物理干扰   B. 化学干扰   C. 电离干扰   D. 光谱干扰
7. 在石墨炉原子吸收分析中,扣除背景吸收应采取的措施有(   )。
   A. 用邻近非吸收线扣除   B. 用氘灯校正背景
   C. 用自吸收方法校正背景   D. 塞曼效应校正背景
8. 在下列措施中,(   )能消除原子吸收分光光度法的物理干扰。
   A. 配制与试样溶液具有相同物理性质的标准溶液
   B. 采用标准加入法测定
   C. 调整撞击球位置以产生更多细雾
   D. 加入保护剂或释放剂
9. 原子吸收分光光度法中,有利于消除化学干扰的措施有(   )。
   A. 加入保护剂   B. 用标准加入法定量
   C. 加入释放剂   D. 氘灯校正

四、填空题

1. 原子吸收分光光度计由_____、_____、_____和_____组成。
2. 原子吸收分光光度法通常选择_____作为元素分析的分析线。
3. 常用的原子化装置有_____和_____。
4. 原子吸收分光光度法进行定量分析的方法主要有_____和_____。

五、简答题

1. 试比较原子吸收分光光度法与紫外-可见分光光度法的异同点。
2. 试述原子吸收分光光度计的主要部件及其功能。

3. 简述原子吸收分光光度法对光源的要求。
4. 为什么原子吸收分光光度分析要使用待测元素的空心阴极灯?
5. 石墨炉原子化器的升温程序分为几个阶段?各阶段的目的是什么?

(贾贞贞　刘　飞)

第4章 荧光分光光度检测技术

知识目标

1. 了解荧光产生的原理和特点。
2. 了解影响荧光产生的因素。
3. 掌握荧光分光光度计测量的原理和方法。
4. 熟悉荧光分光光度计的结构。

能力目标

1. 能熟练进行荧光分光光度计的操作。
2. 学会相应的数据记录与处理方法。

某些物质受到可见光、紫外光照射后,能发射出比照射光波长更长的光,即荧光。利用物质的荧光光谱进行定性、定量分析的方法称为荧光分光光度法,也称荧光分析法。

荧光分光光度法最突出的优点有两个:一是灵敏度高,其检出限为 $10^{-12} \sim 10^{-10}$ g/mL;二是选择性好,因为荧光光谱属于发射光谱,一般发射光谱的干扰比吸收光谱小。虽然能发射荧光的物质不多,但是,许多重要的生化物质、药物及致癌物质都有荧光现象,而且使用荧光衍生剂可使一些非荧光物质转化为荧光物质,所以,荧光分光光度法在药物和食品分析等领域具有特殊意义。

物质的结构不同,其吸收光的波长不同,发射出荧光的波长也不同,这是荧光分光光度法对荧光物质进行定性分析的依据。实验证明,在稀溶液中,荧光强度与荧光物质的浓度成正比,这是荧光分光光度法的定量依据。

第1节 荧光分光光度法概述

一、荧光与磷光的产生

在室温条件下,大多数分子处在电子基态的最低振动能级,当受到紫外-可见光的照射,吸收辐射能后,就会从基态跃迁至激发态的各个不同振动-转动能级。激发态分子的能量较高,不稳定,在与其他分子碰撞时,以放热的形式损失部分能量后,回到同一电子激发态的最低振动能级,这一过程叫振动弛豫,属于无辐射跃迁。激发态分子经过振动弛豫回到第一电子激发态的最低振动能级后,可跃迁回到基态的任一振动能级,并以辐射形式发射光子,此时分子发射的光称为荧光。显然,荧光的能量小于激发光的能量,波长则大于激发光的波长。荧光的平均寿命很短,除去激发光源,荧光立即熄灭。

当分子吸收能量后,在跃迁过程中不发生电子自旋方向的变化,这时分子处于激发单重态。如果在跃迁过程中还伴随着电子自旋方向的改变,这时分子便有两个自旋不配对的电子,分子处于激发三重态,具有顺磁性。对于磷光物质,当受激分子经激发单重态向激发三重态体系间跨越后,很快发生振动弛豫,到达激发三重态的最低振动能级,分子激发在三重态的寿命较长($10^{-4} \sim 10$ s),所以,可延迟一段时间,然后以辐射跃迁返回基态的各个振动能级,此过程所发射的光即磷光。

荧光和磷光的主要区别在于:就发光机制而言,荧光是由激发单重态最低振动能级向基态各振动能层间跃迁产生的;而磷光是由激发三重态最低振动能级向基态各振动能级跃迁产生的;如用实验现象加以区别,对荧光来说,当激发光停止照射时,发光过程随之消失($10^{-9} \sim 10^{-6}$ s),而磷光则将延续一段时间($10^{-3} \sim 10$ s)。磷光的能量比荧光小(三重态的能量比单重态的能量低),波长较长,发光的时间也较长,如图 4-1 所示。

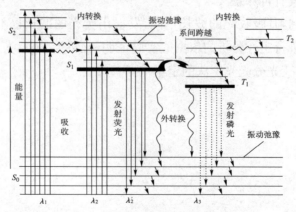

图 4-1 荧光与磷光产生示意图

二、激发光谱与荧光光谱

记录某一物质溶液在不同波长激发光照射时的发射光强度,可得到该物质的荧光激发光谱;使激发光的波长和强度保持不变,记录荧光物质溶液在不同荧光波长时的发射光强度,就得到该物质的荧光发射光谱(又称荧光光谱)。不同结构的化合物产生不同的荧光激发光谱和荧光发射光谱,据此可对物质进行定性分析。

当激发光的波长、强度和测定用的溶剂、温度条件一定时,物质在低浓度范围内的荧光强度与溶液中荧光物质的浓度成正比。这就是荧光分光光度法用于物质定量分析的依据。

激发光谱是当荧光波长一定时,荧光强度随激发波长变化而变化的关系曲线。荧光检测过程如图 4-2 所示。为了避免透射光的干扰,在垂直方向上通过发射分光系统(Ⅱ),将荧光测量波长固定在荧光最强波长处,然后由光源发出的紫外光通过激发分光系统(Ⅰ)分光,得到不同波长的激发光(λ_{ex}),作为入射光,分别照射样品池中的样品溶液(荧光物质),使荧光分子受激发后发射出荧光,再通过检测器,测定对应的荧光强度(F)。以激发波长 λ_{ex} 为横坐标,以荧光的发光强度 F 为纵坐标,绘制激发光谱曲线。

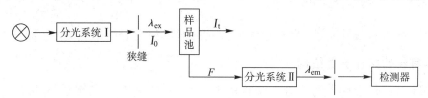

图 4-2　荧光检测示意图

荧光光谱是使激发光的波长和强度不变,让物质产生的荧光通过发射分光系统(Ⅱ)分光,测定每一荧光波长对应的荧光强度 F,以发射波长 λ_{em} 为横坐标,以荧光的发光强度 F 为纵坐标作图所得的关系曲线。如图 4-3 所示,图中最强荧光波长 λ_{em} 和最强激发波长既可作为物质的定性依据,又可作为定量测定时的最适宜波长(此波长处灵敏度最大)。荧光光谱与激发光谱互为镜像关系。

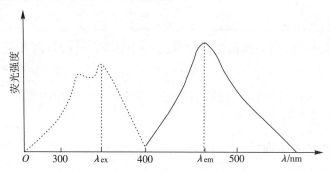

图 4-3　硫酸奎宁的激发光谱(虚线)与荧光光谱(实线)

三、荧光与分子结构

(一)荧光物质的特性

在自然界中,仅有小部分物质会发出强的荧光。研究表明,凡是能发出荧光的物质都具备两大特征:一是具有强的紫外-可见光吸收,即具有 K 带强吸收;二是具有高的荧光效率。

荧光效率(荧光量子效率)是指物质发射荧光的光子数与所吸收激发光的光子数之比,用 φ_f 表示。

$$\varphi_f = \frac{发射荧光的光子数}{吸收激发光的光子数} \tag{4-1}$$

通常情况下,$\varphi_f < 1$。例如,荧光素在水中的 $\varphi_f = 0.65$,蒽在乙醇中的 $\varphi_f = 0.30$。φ_f 越大,荧光越强;φ_f 为零或接近于零,表明大部分吸收的能量最终以非辐射形式释放。一般情况下,有分析应用价值的荧光物质的 φ_f 为 $0.1 \sim 1$。

(二)分子结构与荧光的关系

强荧光物质的激发光谱、荧光光谱和荧光强度都与它们的结构密切相关。

1. 具有长的共轭 π 键结构

芳香环、稠环、杂环类物质分子结构的共平面性大,π 电子共轭程度也大,均具有较长的共轭 π 键结构,这类物质的结构有利于荧光的发射,其荧光效率也大。所以,共轭程度越大,荧光效率越高,且激发波长和荧光波长长移,见表 4-1。

表 4-1 不同分子结构物质的激发波长和荧光波长

物质	λ_{ex}(激发)/nm	λ_{em}(荧光)/nm	φ_f
苯	205	278	0.11
萘	286	321	0.29
蒽	365	400	0.46
并四苯	390	480	0.60

另外,稠芳环分子排列的几何形状对荧光也有影响。例如,蒽和菲都由三个苯环组成,但两者的荧光波长分别为 400 nm(蒽)和 350 nm(菲)。

少数含有长共轭双键的脂肪烃也可能有荧光。例如,维生素 A 的 $\lambda_{ex} = 327$ nm,$\lambda_{em} = 510$ nm。

2. 分子的刚性和共平面性

实验发现,多数具有刚性平面结构的有机化合物分子都具有强烈的荧光,因为这种结构可以减少分子的振动,使分子与溶剂或其他溶质分子之间的相互作用减少,即可减少能量外部转移的损失,有利于荧光的发射。而且平面结构可以增大分子的吸光截面,增大摩尔吸光系数,增强荧光强度。如芴与联苯,由于芴中加入亚甲基成桥使两个苯环不能自由旋转,成为刚性分子,导致两者在荧光性质上有显著差别:前者荧光效率接近于1,后者仅为0.18。

对于顺反结构,顺式共面性差,反式共面性好,如1,2-二苯乙烯顺式异构几乎无荧光,而1,2-二苯乙烯反式异构具有强荧光。

总之,在共轭系统中,分子刚性和共平面性越大,越有利于荧光发射。

3. 取代基

(1)供电子基如—NH_2、—NHR、—NR_2、—OH、—CN 等可使荧光效率增加,荧光强度增强。

(2)吸电子基如—NO_2、—COOH、—$NHCOCH_3$、—NO、—SH、卤素等可使荧光效率降低,减小跃迁概率和荧光强度,甚至熄灭。

(3)—R、—SO_3H、—NH_3^+ 等对荧光影响不明显,因为它们对芳香环 π 电子共轭体系影响不大。

(三)影响荧光强度的外界因素

1. 温度

随着温度降低,荧光强度增加。所以,一般尽量在低温下测定,以提高灵敏度。

2. 溶剂

荧光波长随着溶剂极性的增大而长移,荧光强度也增强。这是因为在极性溶剂中 $\pi \rightarrow \pi^*$ 跃迁能量降低,且跃迁概率增大,故荧光效率增大,荧光增强,波长长移。

当溶剂黏度减小时,分子间的碰撞概率增加,荧光减弱。含有重原子的溶剂如四溴化碳和碘乙烷等,也可使化合物的荧光大大减弱。另外,溶剂如能与分子形成稳定的氢键,可使处在激发态的分子减少,从而减弱其荧光。

3. 溶液的 pH

当荧光物质本身是弱酸或弱碱时(即结构中有碱性或酸性基团),溶液的 pH 对荧光强度有很大的影响。这是因为在不同 pH 条件下分子和离子间的平衡发生改变,荧光强度也随着改变。因此,分析时要注意控制一定的 pH。以苯胺为例,其在 pH 为 7～12 的溶液中主要以分子形式存在,其中氨基可提高荧光效率,故苯胺分子会发出蓝色荧光;在 pH<2 和 pH>13 的溶液中,苯胺以离子形式存在,故不能发射荧光。

$$\underset{\text{pH}<2}{C_6H_5-NH_3^+} \underset{H^+}{\overset{OH^-}{\rightleftharpoons}} \underset{\text{pH 为 7～12(蓝色荧光)}}{C_6H_5-NH_2} \underset{H^+}{\overset{OH^-}{\rightleftharpoons}} \underset{\text{pH}>13}{C_6H_5-NH^-}$$

4. 荧光熄灭剂

荧光物质分子与溶剂分子或其他溶质分子碰撞而引起荧光强度降低或荧光强度与浓度不呈线性关系的现象,称为荧光熄灭(荧光淬灭)。这种现象随物质浓度增加而愈发显著。引起荧光熄灭的物质称为荧光熄灭剂,常用的有卤素离子、重金属离子、氧分子以及硝基化合物、重氮化合物、羰基化合物等。

【案例分析】

案例 为什么用荧光分光光度法测量维生素 B_2 的含量时,需要控制溶液为弱酸性或中性?

分析 因为维生素 B_2 分子结构中有三个芳香环,具有平面刚性结构,它们在酸性或中性溶液中较为稳定。当用波长为 430~440 nm 的蓝光照射时,维生素 B_2 在 pH 为 6~7 的溶液中能发出绿色荧光,并且发射出的荧光强度最大,因此,可用荧光分光光度法测定其含量。

但在碱性溶液(pH=11)中,维生素 B_2 受光照会发生分解,转化为光黄素,光黄素发射的荧光比维生素 B_2 强得多,故用荧光分光光度法测定维生素 B_2 的含量时,需要控制溶液 pH 并在避光条件下进行。

5. 散射光

对荧光分析产生干扰的散射光主要是溶剂的瑞利光和拉曼光:瑞利光是光子与分子发生弹性碰撞时产生的,此过程中不发生能量交换,仅改变光子运动方向,且频率不变;拉曼光是光子与分子发生非弹性碰撞时产生的,此过程中发生能量交换,光子的运动方向和频率均发生改变。

拉曼光波长与荧光波长接近,对荧光测定有干扰,应设法消除干扰。选择适当的激发波长可消除拉曼光的干扰,其原则是要尽量选择使产生的拉曼光的波长与荧光波长相距较远的激发波长。

选择激发波长时,在考虑最大的荧光强度的同时也要考虑其纯度,有时宁愿降低一些荧光强度来保证荧光纯度。

6. 激发光源

荧光物质的稀溶液在激发光照射下很容易分解,使荧光强度逐渐下降,因此,测定速度要快,且光闸不能一直开着。

四、荧光分光光度计

荧光分光光度计是用于扫描荧光标记物所发出的荧光光谱的仪器。它能够提供激发光谱、发射光谱、荧光强度、荧光效率、荧光寿命、荧光偏振等物理参数,从各个角度反映分子的成键和结构情况。通过对这些参数的测定,不但可以进行一般的定量分析,而且可以推断分子在各种环境下的构象变化,从而阐明分子结构与功能之间的关系。荧光分光光度计的激发波长扫描范围一般是 190~650 nm,荧光波长扫描范围是 200~800 nm,可用于液体、固体样品(如凝胶条)的光谱扫描。

(一)仪器类型

1. 滤光片荧光计

两个分光系统均采用滤光片分光。激发滤光片让激发光(带通型)通过;发射滤光片常用截止滤光片(截止型),截去所有激发光和散射光,只允许试样荧光通过。这种荧光计不能测定光谱,但可用于定量分析。

2. 滤光片-单色器荧光计

用光栅代替发射滤光片。这种仪器不能测定激发光谱,但可测定荧光光谱及用于定量分析。

3. 荧光分光光度计

两个分光系统均采用光栅分光,可固定荧光波长,以不同激发波长扫描,记录不同的荧光强度,即得激发光谱;也可固定激发光的最大波长,以发射波长扫描,记录不同的荧光强度,即得荧光光谱。光谱中荧光物质的最大激发波长和最大荧光波长是鉴定物质的依据,也是定量测定时最灵敏的条件。

(二)基本结构

荧光分光光度计主要由光源、单色器(分光系统)、样品池和检测器四个部分组成,如图 4-4 所示。

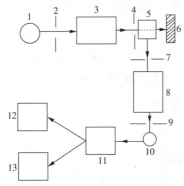

1—光源;2、4、7、9—狭缝;3—激发单色器;5—样品池;6—表面吸光物质;
8—发射单色器;10—检测器;11—放大器;12—指示器;13—记录器

图 4-4 荧光分光光度计结构示意图

1. 光源

目前,最常用的光源是氙灯,其光的波长为 200~800 nm,比紫外-可见分光光度计的光源强,宜连续使用,避免频繁启动。

2. 单色器(分光系统)

荧光分析仪器通常采用两个单色器,在光源和样品池之间的单色器为激发单色器,可滤去不需要波长的光;样品池和检测器之间的单色器为发射单色器,可滤去激发光的反射光、散射光和杂质发射的荧光。为了避免透射光的干扰,接收荧光的单色器应与入射光的方向垂直。

在荧光分光光度计中,两个分光系统都用光栅作为单色器。光栅分出的光不随波长发生疏密变化,而且光栅分出的谱线强度比棱镜分出的谱线强度强,灵敏度高。但是,色散后的光线有数级,须用前置滤光片加以消除。

3. 样品池

测定荧光用的样品池必须用无荧光或弱荧光材料制成,通常采用石英材料。样品池为方形(要在与入射光垂直的方向上测定荧光),四面透光,取用时应手持棱角处,不可接触光面。

4. 检测器

紫外光或可见光可用光电倍增管检测,其输出信号可用高灵敏度的微电流计测定,或经放大再输入记录器中,自动描绘光谱图。

(三)仪器校准

1. 灵敏度校准

荧光分光光度计的灵敏度与光源强度、单色器的性能、放大系统的特征和光电倍增管的灵敏度有关,还与选用的波长、狭缝及空白溶剂的拉曼光、激发光、杂质荧光等有关。一般用待测荧光标准溶液中浓度最大者来校准(读数调至 100),或用中间浓度校准(读数调至 50)。如果待测物的荧光不稳定,就须另选稳定的荧光物质配制成浓度一致的对照品溶液来校准仪器。最常用的荧光物质是硫酸奎宁,将 0.001 g 奎宁标准品溶于硫酸溶液(0.05 mol/L)中,使其浓度为 1 μg/mL,将此溶液进行不同稀释后用于校准仪器。

2. 波长校准

与汞灯标准谱线比对,校准。

3. 激发光谱与荧光光谱校准

目前,荧光分光光度计大多采用双光束光路,可用参比光束抵消光学误差。

第 2 节　维生素 B_2 含量的测定

【目的】

应用荧光分光光度法检测医用维生素 B_2 的含量(标准曲线法)。

【相关知识】

一、荧光强度与物质浓度的关系

在紫外光谱中,入射光(强度为 I_0)与透射光(强度为 I_t)在同一方向,即光子透过待测溶液前的方向与透过溶液后的方向一致。但是,溶液经入射光 I_0 激发后所产生的荧光在溶液的各个方向都可以观察到。因此,为了避免透射光对荧光检测的干扰,应在与激发光垂直的方向测定荧光强度 F。

当溶液中荧光物质的浓度为 c,液层厚度(样品池内径)为 L 时,荧光强度 F 与荧光物质吸收光的强度成正比,可用线性方程表示为:

$$F = K'(I_0 - I_t) \tag{4-2}$$

式中,K' 为常数,称为荧光比率,其大小取决于一定条件下的荧光效率。结合比尔定律可得到下式:

$$F = 2.303 \varphi_F I_0 \varepsilon c L \tag{4-3}$$

当光源稳定时,入射光强度为定值,因此,可以将 $2.303 \varphi_F I_0 \varepsilon L$ 视为常数 K,故:

$$F = Kc \tag{4-4}$$

由式(4-4)可见,当其他条件一定时,荧光物质在稀溶液中的荧光强度与浓度呈线性关系,这是荧光定量分析的依据。但是,只有当荧光物质的浓度很小时,即 $\varepsilon c L \leqslant 0.05$ 时,这种关系才成立。浓度过大时,分子间的碰撞机会增加,无辐射跃迁概率增大,荧光效率降低,甚至使荧光强度减小的影响成为主要方面。例如,浓度大于 $0.1\,\text{g/L}$ 时,荧光物质会发生荧光自熄灭(内部猝灭)现象。

> **知识拓展**
>
> **荧光分光光度法的灵敏度比紫外-可见分光光度法的灵敏度高的原因**
>
> 荧光分光光度法的灵敏度高于紫外-可见分光光度法。因为荧光分析测定的是在很弱的背景上的荧光强度,其测定灵敏度取决于检测器的灵敏度,

所以,可通过改进检测系统和放大系统,将荧光信号放大。这样,即使是很稀的溶液产生的微弱荧光,也能被检测。而紫外-可见分光光度法测定的是吸收度($A=-\lg\dfrac{I_t}{I_0}$),当溶液很稀时,吸收光强度很弱,透射光与入射光的强度相当,即 $I_t/I_0 \approx 1, A \approx 0$。这时,吸光度就无法反映浓度,若将光强信号放大,$I_t$ 与 I_0 也被同时放大,比值仍然不变,无法像荧光分析那样通过提高检测灵敏度来改善方法灵敏度。因此,紫外-可见分光光度法的灵敏度受到一定的限制,不如荧光分光光度法高。

二、定量分析方法

1. 标准曲线法

配制一系列浓度为 c_1、c_2、c_3…的对照品溶液,分别测其荧光强度(F_1、F_2、F_3…),绘制标准曲线。然后在同样条件下测定试样溶液的荧光强度(F_x),在标准曲线上查找对应的浓度(c_x)。

在测定标准曲线时,应先将空白溶液的荧光强度读数调至零,再选择系列中某一标准溶液作基础。一般选择浓度最大的标准溶液,将其荧光强度读数调至 100,或者选择中间浓度的标准溶液,将其荧光强度读数调至 50,然后测定系列中其他标准溶液的荧光强度。但在实际工作中,空白溶液调零往往降低测定的灵敏度,因此,仪器调零后先测空白溶液的荧光强度(F_0),再测对照品溶液和试样溶液的荧光强度(F_s 和 F_x),所有测定值均须扣除空白溶液的荧光强度(F_s-F_0,F_x-F_0)再进行计算。

2. 比例法

若荧光分析标准曲线过原点,则可选择其线性范围用比例法测定。即配制一对照品溶液(c_s),测其荧光强度(F_s),再测定试样溶液(c_x)的荧光强度(F_x),然后进行比较。测定时同样要用空白(F_0)校正:

$$\dfrac{c_x}{c_s}=\dfrac{F_x-F_0}{F_s-F_0} \qquad (4-5)$$

3. 多组分混合物测定

与吸光度一样,荧光强度也有加和性,因此,混合物不需经过分离,可用联立方程法求解荧光强度。可选择不同的激发波长进行测定,也可选择不同荧光波长进行测定,选择范围比紫外-可见分光光度法广泛。

荧光法灵敏度高,样品用量少,已成为医药学、生物学、农业科学等领域的一种重要的分析检测方法。利血平、喹啉碱、四环素以及维生素 A_1、维生素 B_1、维生素 B_2、维生素

B_6、维生素 B_{12}、维生素 E 等具有刚性平面共轭体系的分子都可用荧光分光光度法进行分析。

【例 4-1】 1.00 g 谷物制品试样经处理后,加入少量 $KMnO_4$,将维生素 B_2 氧化。将此溶液转入 50 mL 容量瓶,稀释至刻度。吸取 25 mL 样品溶液放入样品池,测得氧化液的荧光强度为 6.0(维生素 B_2 中常含有发生荧光的杂质)。加入少量还原剂(连二亚硫酸钠,$Na_2S_2O_4$),使氧化态维生素 B_2(无荧光)还原为维生素 B_2,这时仪器的读数为 55。在另一样品池中重新加入 24 mL 氧化态维生素 B_2 溶液和 1 mL 维生素 B_2 标准溶液(0.5 μg/mL),这时仪器的读数为 92。试计算每克试样中含有多少维生素 B_2。

解:设每克谷物试样中含 m μg 维生素 B_2,则 1.00 g 该谷物制品试样按要求处理后配成 50 mL 氧化态维生素 B_2 溶液,其浓度为 $m/50$(μg/mL)。仪器用硫酸奎宁校准后,测得氧化液读数为 6.0,为杂质荧光黄产生的荧光。氧化态维生素 B_2 被还原后,仪器读数为 55。由于维生素 B_2 荧光强度与浓度成正比,故有

$$55 - 6.0 = K \cdot \frac{m}{50} \tag{1}$$

另一试样中含 24 mL 氧化态维生素 B_2 溶液与 1 mL 维生素 B_2 标准溶液(0.5 μg/mL),仪器读数(维生素 B_2 与杂质荧光黄)为 92,故有

$$92 - \frac{6.0 \times 24}{25} = K \cdot \frac{0.5}{25} \tag{2}$$

联立式(1)、式(2),得 $m = 0.5682$ μg。

答:每克试样中含有 0.5682 μg 维生素 B_2。

三、测定原理

维生素 B_2 在 430~440 nm 蓝色光照射下发射绿色荧光,荧光峰值波长为 535 nm,在 pH 为 6~7 的溶液中荧光最强,在 pH=11 的溶液中荧光消失。对于维生素 B_2 稀溶液,当入射光强度 I_0 一定时,荧光强度与浓度呈线性关系,利用标准曲线法即可测定维生素 B_2 的含量。

四、WGY-10 型荧光分光光度计操作方法

(1)接通电源,打开稳压器。
(2)开启 WGY-10 型荧光分光光度计总开关。
(3)按下氙灯启动按钮。
(4)打开电脑,点击进入软件界面并开始自动校正(注意一定要先点亮氙灯,再开电脑)。
(5)根据待测样品成分,设定分析参数(激发波长、荧光波长、隙缝宽度、扫描模式和扫描间隔)。
(6)将盛有待测样品的样品池放入样品槽内,盖上样品室盖,扫描分析。

(7)测量完毕后,取出样品池,洗净放好,依次关闭电脑开关、总电源开关和稳压器开关。

(8)整理工作台面,并登记使用情况。

(9)荧光分光光度计的校正。荧光分光光度计的灵敏度一般用能被检测出的最低信号强度表示,或用某一标准荧光物质在选定波长的激发光照射下能检测出的最低浓度表示。实验中用能发出稳定荧光的物质对仪器灵敏度进行校正,常用标准荧光物质有硫酸奎宁(0.05 mol/L)。

【仪器与试剂】

1. 仪器

WGY-10 型荧光分光光度计(附样品池、滤光片)、1 L 容量瓶、50 mL 容量瓶、移液管等。

2. 试剂

维生素 B_2 标准品、医用维生素 B_2 片剂、醋酸(1%)等。

【内容与步骤】

(1)10.0 μg/mL 维生素 B_2 标准溶液的制备。称取 10.0 mg 维生素 B_2 标准品,用少量 1%醋酸溶解后转移至 1 L 容量瓶中,用 1%醋酸稀释至刻度,摇匀,保存于棕色瓶中,置于阴凉处或冰箱内。

(2)维生素 B_2 系列标准溶液的制备。取 5 个 50 mL 容量瓶,分别加入 1.00 mL、2.00 mL、3.00 mL、4.00 mL、5.00 mL 维生素 B_2 标准溶液,用纯化水稀释至刻度,摇匀。

(3)维生素 B_2 样品溶液的制备。取一片医用维生素 B_2 片剂,称重后用 1%醋酸溶解,然后转移至 1 L 容量瓶中,用 1%醋酸稀释至刻度,摇匀。取 3.00 mL 溶液置于 50 mL 容量瓶中,用纯化水稀释至刻度,摇匀后作为样品溶液。

(4)标准曲线的绘制。选用 430~440 nm 激发滤光片和 535 nm 荧光滤光片,用纯化水作空白,调读数至零。用系列标准溶液中浓度最大的溶液,调节其荧光读数为 100,以此作为荧光强度的基准,然后测量标准溶液和样品溶液的荧光强度。

(5)标准曲线的制备。以标准溶液的荧光强度为纵坐标,以标准溶液的浓度为横坐标,绘制标准曲线。

(6)确定样品溶液中维生素 B_2 的含量。根据样品溶液的荧光强度,从标准曲线上查出对应的浓度,计算出医用维生素 B_2 片剂中维生素 B_2 的含量。

【注意事项】

(1)温度和黏度。温度对溶液的荧光强度有很大影响,一般荧光物质的荧光强度随温度降低而增强。增大黏度或降低温度,只有在荧光效率明显小于1的条件下,才可以成为提高荧光强度的有效手段。

（2）溶剂。荧光测定的溶剂达到分析纯即可，但要防止污染。如有污染，应经过重新蒸馏或用水、酸、碱洗涤后再使用。应用最多的溶剂是纯化水。荧光分析用的溶剂不得保存在塑料容器内，因为有机填充剂和增塑剂有可能被溶剂溶解，导致空白值升高。

（3）激发光。为了避免光解作用的影响，应在测定时尽量缩短受激发光照射的时间。

（4）溶液浓度。浓度过大，会产生荧光自熄灭现象，所以，荧光分析适宜在低浓度下进行。

【数据记录与处理】

1. 荧光光度法测定维生素 B_2 含量记录

维生素 B_2 标准溶液的体积/mL	0.00	1.00	2.00	3.00	4.00	5.00
维生素 B_2 标准溶液的浓度/(μg/mL)						
维生素 B_2 标准溶液的荧光强度 F						
待测样品的荧光强度 F_x						
待测样品的维生素 B_2 浓度 c_x/(μg/mL)						

2. 数据处理

医用维生素 B_2 片剂中维生素 B_2 含量可按下式计算。

$$\rho = \frac{50 c_x V_0}{3 m_0} = \frac{50 c_x}{3 m_0}$$

> **思考题**
>
> 1. 为什么要使用两块滤光片？其选择的依据是什么？
> 2. 在荧光分光光度计中，通常激发光的入射方向与荧光的检测方向不在一条直线上，而呈一定角度，为什么？

练 习 题

一、单项选择题

1. 荧光光谱属于（　　）。
   A. 吸收光谱　　　　B. 发射光谱　　　　C. 红外光谱　　　　D. 质谱
2. 荧光分光光度法比紫外-可见分光光度法选择性高的原因是（　　）。
   A. 能发射荧光的物质比较少

B. 分子荧光光谱为线状光谱,而分子吸收光谱为带状光谱

C. 荧光波长比相应的吸收波长稍长

D. 荧光分光光度计有两个单色器,可以更好地消除组分间的相互干扰

3. 荧光效率是指(　　)。
　　A. 荧光强度与吸收光强度之比
　　B. 发射荧光的光子数与吸收激发光的光子数之比
　　C. 发射荧光的分子数与物质的总分子数之比
　　D. 激发态的分子数与基态的分子数之比

4. 一种物质能否发出荧光主要取决于(　　)。
　　A. 分子结构　　　B. 激发光的波长　　　C. 温度　　　D. 溶剂的极性

5. 下列物质中,荧光效率最高的是(　　)。
　　A. 硝基苯　　　B. 苯　　　C. 苯酚　　　D. 苯甲酸

6. 下列条件中,会导致荧光效率下降的是(　　)。
　　A. 激发光强度下降　　　B. 溶剂极性变小
　　C. 温度下降　　　D. 溶剂中含有卤素离子

7. 荧光波长与相应激发波长相比,(　　)。
　　A. 前者较长　　　B. 后者较长　　　C. 两者相等　　　D. 关系不确定

8. 荧光光谱分析的主要优点是(　　)。
　　A. 准确度高　　　B. 操作简便　　　C. 仪器简单　　　D. 灵敏度高

9. 为使荧光强度和荧光物质溶液的浓度成正比,必须使(　　)。
　　A. 激发光足够强　　　B. 吸光系数足够大
　　C. 试样溶液浓度足够低　　　D. 仪器灵敏度足够高

10. 下列关于荧光分光光度法特点的叙述中,正确的是(　　)。
　　A. 检测灵敏度高　　　B. 用量大,分析时间长　　　C. 用量少,操作简便
　　D. 选择性强　　　E. 应用广泛

11. 分子中有利于提高荧光效率的结构特征是(　　)。
　　A. 双键数目较多　　　B. 共轭双键数目较多　　　C. 含重金属离子
　　D. 分析为平面刚性　　　E. 苯环上有给电子基团

12. 下列属于无辐射跃迁的有(　　)。
　　A. 振动弛豫　　　B. 内转换　　　C. 体系间跨越
　　D. 荧光发射　　　E. 磷光发射

13. 荧光分光光度法与紫外-可见分光光度法的主要区别为(　　)。
　　A. 分析方法不同　　　B. 仪器结构不同　　　C. 灵敏度不同
　　D. 光谱带个数不同　　　E. 光源不同

二、填空题

1. 激发波长和强度固定后,荧光强度与荧光波长的关系曲线称为_____;荧光波长固定后,荧光强度与激发波长的关系曲线称为_____。
2. 荧光分光光度计主要由_____、_____、_____、_____四大部分组成。
3. 用荧光分光光度法进行定量分析的依据是_____。

三、简答题

1. 何谓荧光效率?具有哪些分子结构的物质有较高的荧光效率?
2. 哪些因素会影响荧光波长和强度?

四、计算题

1. 用荧光分光光度法测复方炔诺酮片中炔雌醇含量:取样品 20 片(每片含炔雌醇 $31.5\sim38.5~\mu g$),研细溶于无水乙醇中,稀释至 250 mL;滤过,取滤液 5 mL,稀释至 10 mL,在激发波长 285 nm 和荧光波长 307 nm 处测定荧光强度。如炔雌醇对照样的乙醇溶液($1.4~\mu g/mL$)在同样测定条件下的荧光强度为 65,则合格片的荧光读数应在什么范围内?

2. 用荧光分光光度法测定食品中维生素 B_2 的含量:称取食品 2.00 g,用 10.0 mL 三氯甲烷萃取(萃取率为 100%),取上清液 2.00 mL,再用三氯甲烷稀释为 10.0 mL。维生素 B_2 三氯甲烷标准溶液浓度为 $0.100~\mu g/mL$。测得空白溶液、标准溶液和样品溶液的荧光强度分别为 $F_0=1.5$,$F_s=69.5$,$F_x=61.5$,求该食品中维生素 B_2 的含量($\mu g/g$)。

(刘　飞)

第5章 电位分析检测技术

知识目标

1. 掌握指示电极和参比电极的概念。
2. 掌握直接电位法测定溶液pH的原理和方法。
3. 了解电位法测定其他离子浓度的方法。

能力目标

1. 熟练使用pH计测定水的pH。
2. 学会pH计的维护和保养。

根据物质在溶液中的电化学性质及其变化来进行分析的方法称为电化学分析法。它是以测量溶液的电导、电位、电流和电量等电化学参数来分析待测组分含量的方法。其中,根据测定原电池的电动势及其变化,确定待测物含量的分析方法称为电位法。电位法分为直接电位法和电位滴定法两类。

在电位法中,通常用两种不同的电极与电解质溶液构成原电池。一种是电位值不随溶液中待测离子浓度的变化而变化,在一定条件下具有恒定电位值的电极,称为参比电极;另一种是电位值随溶液中待测离子浓度的变化而变化的电极,称为指示电极。

第1节 直接电位法概述

一、参比电极与指示电极

(一)参比电极

标准氢电极(standard hydrogen electrode,SHE)是用于确定其他电极电位的基准电极,国际纯粹与应用化学联合会规定其电位在标准状态下为零。在无附加说明时,其他电极电位值通常是相对于标准氢电极电位确定的。但是,这种电极制作、使用不方便,故目前使用较少。常用的参比电极有甘汞电极和银-氯化银电极。

1. 甘汞电极

甘汞电极由金属汞、甘汞(Hg_2Cl_2)和KCl溶液组成,如图5-1所示。

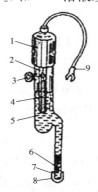

1—胶木帽;2—铂丝;3—小橡皮塞;4—汞-甘汞内部电极;
5—饱和KCl溶液;6—KCl晶体;7—陶瓷芯;8—橡皮帽;9—电极引线

图 5-1 饱和甘汞电极

电极反应式:$Hg_2Cl_2+2e^- \rightleftharpoons 2Hg+2Cl^-$

298.15 K时,其电极电位为:$\varphi_{Hg_2Cl_2/Hg} = \varphi^*_{Hg_2Cl_2/Hg} - 0.0592\lg c(Cl^-)$

由电极电位公式可知:甘汞电极的电位随氯离子浓度的变化而变化。当氯离子浓度一定时,其电极电位为一定值。在25 ℃时,饱和KCl溶液的甘汞电极的电位$\varphi=$0.2412 V。

在电位法中,最常用的参比电极是饱和甘汞电极(saturated calomel electrode, SCE),其电位稳定,构造简单,保存和使用都很方便。

2. 银-氯化银电极

银-氯化银电极是由涂镀一层氯化银的银丝插入一定浓度的氯化钾溶液中构成的,如图5-2所示。

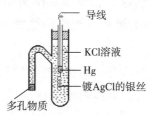

图 5-2 银-氯化银电极

电极反应式:$AgCl+e^- \rightleftharpoons Ag+Cl^-$

298.15 K时,其电极电位为:$\varphi_{AgCl/Ag} = \varphi^*_{AgCl/Ag} - 0.0592\lg c(Cl^-)$

由于银-氯化银电极结构简单,可以制成很小的体积,使用方便,性能可靠,因此常用作其他离子选择电极的内参比电极。

(二)指示电极

直接电位法所用的指示电极有多种,一般分为以下两大类。

1. 金属基电极

金属基电极是以金属为基体,基于电子转移反应的一类电极,按其组成和作用分为三类。

(1)金属-金属离子电极。将金属插入含有该金属离子的溶液中所组成的电极称为金属-金属离子电极,简称金属电极。其电极电位取决于溶液中金属离子的浓度,可作为测定金属离子浓度的指示电极。这类电极只有一个相界面,故又称为第一类电极。例如,银电极可表示为:$Ag|Ag^+$。

(2)金属-金属难溶盐电极。将金属(表面涂有该金属的难溶盐)插入含有该金属难溶盐阴离子的溶液中所组成的电极称为金属-金属难溶盐电极。其电极电位随溶液中阴离子浓度的变化而变化,可作为测定难溶盐的阴离子浓度的指示电极。这类电极有两个相界面,故又称为第二类电极。例如,将表面涂有 AgCl 的银丝插入 Cl^- 溶液中,组成银-氯化银电极。

(3)惰性金属电极。将惰性金属铂或金插入含有氧化态和还原态电对的溶液中所组成的电极称为惰性金属电极。其中惰性金属不参与电极反应,仅在电极反应过程中起到传递电子的作用。其电极电位取决于溶液中氧化态和还原态物质活度的比值,可用于测定溶液中氧化态和还原态物质浓度的比值。由于氧化态和还原态同时存在于溶液中,没有相界面,因此,该电极又称为零类电极或氧化还原电极。

2. 离子选择电极

离子选择电极(ion selective electrode,ISE)也称膜电极,是 20 世纪 60 年代发展起来的一类新型电化学传感器,利用选择性的电极膜对溶液中的待测离子产生选择性的响应而指示待测离子活度的变化。这类电极的共同特点是:电极电位的形成是基于离子的扩散和交换的,而无电子的转移。膜电极的电极电位与溶液中某特定离子浓度的关系符合能斯特方程。离子选择电极是一类选择性好、灵敏度高、发展较快和应用较广的指示电极。

(1)离子选择电极的分类。1975 年,国际纯粹与应用化学联合会推荐的离子选择电极分为两类:原电极(晶体膜电极、非晶体膜电极)和敏化电极(气敏电极、酶电极)。

(2)电极的基本结构与电极电位。离子选择电极是一种对溶液中待测离子有选择性响应的电极,属于膜电极。其构造不同,电极性能也不同,但一般都包括电极膜、电极管、内充溶液和参比电极四个部分。

当膜表面与待测物接触时,对某些离子有选择性的响应,通过离子交换或扩散作用在膜两侧建立电位差。因为内参比溶液浓度恒定,所以,离子选择电极的电位与待测离子的浓度之间满足能斯特方程。因此,测定原电池的电动势,便可求得待测离子的浓度。

对阳离子 M^{n+} 有响应的电极,其电极电位为:$\varphi = K + \dfrac{0.0592}{n}\lg c(M^{n+})$。

对阴离子 R^{n-} 有响应的电极,其电极电位为:$\varphi = K + \dfrac{0.0592}{n}\lg c(R^{n-})$。

应当指出,离子选择电极的膜电位不仅仅是通过简单的离子交换或扩散作用建立的,膜电位的建立还与离子的缔合和配位作用有关。另外,有些离子选择电极的作用机制还不十分清楚,有待进一步研究。

(3)电极性能。

①响应时间。响应时间是指离子选择电极与参比电极一起浸入待测溶液后,达到稳定电池电动势时所需的时间。响应时间越短,电极性能越好。

②选择性。选择性是电极对待测离子和共存干扰离子响应程度的差异,差异大小用选择性系数表示。系数越小,电极对待测离子响应的选择性越高,干扰离子的影响越小。

③线性关系。通常离子选择电极的电位与待测离子浓度之间的关系应符合能斯特方程。因此,在实际测定中应控制离子活度在电极的线性范围内,否则会产生误差。

④电极斜率。电极在线性范围内,响应离子浓度变化 10 倍所引起的电位变化值称为该电极对响应离子的斜率。实际斜率与能斯特方程斜率往往存在一定的偏差。

二、其他离子浓度的测定

直接电位法除用于测定溶液 pH 外,还可用于测定其他离子浓度。在后者的应用中,目前多采用离子选择电极作指示电极。

(一)测定方法

由于存在液接电位、不对称电位,且活度因子难于计算,直接电位法中一般不采用能斯特方程直接计算待测离子浓度,而采用以下几种方法:

(1)标准曲线法。在离子选择电极的线性范围内,按浓度从小到大分别测定系列标准溶液的电动势,绘制 $E\text{-}\lg c_i$ 或 $E\text{-}pc_i$ 标准曲线,然后在相同条件下测定待测样品溶液的电动势(E_x),再在标准曲线上查出对应待测样品溶液的 $\lg c_x$,这种方法称为标准曲线法。

(2)两次测定法。该方法与测定溶液 pH 的方法相似,在此不再讨论。

除上述两种方法外,还有标准加入法等。

(二)应用

离子选择电极的发展大大拓展了直接电位法的应用范围,使其他离子的测定能像 pH 的测定一样简单快速,对低浓度物质的测定十分有利,已得到广泛应用。

第 2 节　生理盐水 pH 的测定

【目的】

以玻璃电极法测定生理盐水的 pH 为例,掌握生理盐水 pH 测定的方法。

【相关知识】

直接电位法是利用电池电动势与待测组分浓度之间的函数关系,通过测定电池电动势而直接求得样品溶液中待测组分的浓度的电位法。该方法通常用于测定溶液的 pH 和其他离子的浓度。

用电位法测定溶液 pH 时,目前最常用的指示电极是 pH 玻璃电极(glass electrode,GE),参比电极是饱和甘汞电极。下面着重介绍 pH 玻璃电极。

一、pH 玻璃电极

(一) pH 玻璃电极的构造

常用的 pH 玻璃电极的构造如图 5-3 所示。它的主要部分是玻璃管下端所接的由特殊材料制成、厚度为 0.05~0.1 mm 的球形玻璃膜,膜内盛有一定浓度的缓冲溶液(作为内参比溶液),溶液中插入一支银-氯化银电极作为内参比电极。由于玻璃电极的内阻很高(约为 100 MΩ),因此,导线和电极的引出端都需高度绝缘,并装有屏蔽隔离罩,以防漏电和静电干扰。

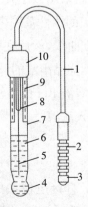

1—绝缘屏蔽电缆；2—绝缘电极插头；3—金属插头；4—玻璃膜；5—内参比电极；
6—内参比溶液；7—玻璃管；8—支管圈；9—屏蔽层；10—塑料电极帽

图 5-3　pH 玻璃电极

(二) pH 玻璃电极的原理

玻璃电极浸入水中后,溶液中的 H^+ 与玻璃膜表面的 Na^+ 交换,使其表面形成一层很薄的水化凝胶层,其厚度为 10~100 nm。该层表面上 Na^+ 点位几乎全被 H^+ 占据。当浸泡好的玻璃电极插入溶液中时,水化凝胶层与溶液接触,由于凝胶层表面上的 H^+ 浓度与溶液中的 H^+ 浓度不相等,H^+ 便从浓度高的一侧向浓度低的一侧迁移,当达到平衡时,在溶液与玻璃膜接触的两相界面之间形成双电层,产生界面电位差。由于膜外侧溶液的 H^+ 浓度与膜内侧溶液的 H^+ 浓度不相同,因此,内、外膜相界电位也不相等,即跨越玻璃膜产生电位差,如图 5-4 所示。

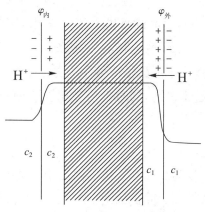

图 5-4 膜电位产生示意图

玻璃电极的电位由膜电位与内参比电极的电位决定。在一定条件下,内参比电极的电位是一定值,而膜电位是待测溶液中 H^+ 浓度的函数。因此,在 25 ℃条件下,玻璃电极的电位可表示为:

$$\varphi_{GE} = K + 0.0592 \lg c(H^+) = K - 0.0592 pH \tag{5-1}$$

式中,K 表示玻璃电极的性质常数,其值与膜电位的性质常数和内参比电极的电位有关。上式说明,玻璃电极的电位与待测溶液的 H^+ 浓度或 pH 的关系符合能斯特方程,即电位随 H^+ 浓度增大或 pH 减小而增大。因此,玻璃电极可用作测定溶液 pH 的指示电极。

(三) pH 玻璃电极的性能

1. 电极斜率

当溶液中的 pH 改变一个单位时,引起玻璃电极电位的变化值称为电极斜率,用 S 表示。S 的理论值为 $2.303RT/F$,称为能斯特斜率。由于玻璃电极长期使用会老化,因此,玻璃电极的实际斜率略低于其理论值。在 25 ℃条件下,若实际斜率低于 52 mV/pH,

则不宜使用。

2. 碱差和酸差

pH 玻璃电极的 φ-pH 关系曲线只在一定的 pH 范围内呈线性。普通玻璃电极用于测定 pH>9 的溶液时,对 Na^+ 也有响应,因此,pH 读数低于真实值,产生负误差,这种误差称为碱差或钠差。若用 pH 玻璃电极测定 pH<1 的酸性溶液,pH 读数大于真实值,则产生正误差,即酸差。

3. 不对称电位

从理论上讲,当玻璃膜内、外两侧溶液的 H^+ 浓度相等时,膜电位(φ_m)应为零。但实际上膜电位并不为零,仍有 1~30 mV 的电位差,此电位差称为不对称电位。它主要是由制造工艺等使玻璃膜内、外两表面的性能并不完全相同引起的。不同玻璃电极的不对称电位不完全相同,但同一支玻璃电极在一定条件下的不对称电位却是一个常数。因此,在使用前将玻璃电极放入水或酸性溶液中充分浸泡(一般浸泡 24 h 左右),可以使不对称电位值降至最低,并趋于恒定,同时也使玻璃膜表面充分活化,有利于对 H^+ 产生响应。

4. 温度

一般玻璃电极只能在温度为 0~50 ℃范围内使用。温度过低时,玻璃电极的内阻增大;温度过高时,电极的寿命下降。除此之外,测定标准溶液和待测溶液的 pH 时,温度必须相同。

二、测定原理和方法

(一)复合 pH 电极

目前,在实际测定中常常使用复合 pH 电极代替指示电极和参比电极。复合 pH 电极由两个同心玻璃管构成,内管为常规的玻璃电极,外管为参比电极(银-氯化银电极或玻璃电极与甘汞电极),如图 5-5 所示。电极外套将玻璃电极和参比电极包裹在一起,并把敏感的玻璃膜固定在外套的保护栅内,参比电极的补充液由外套上端的小孔加入,把复合 pH 电极插入试样溶液中,就组成了一个完整的电池系统。复合 pH 电极的优点在于使用方便,且测定值较稳定。

(1)玻璃膜由具有氢离子交换功能的锂玻璃熔融吹制而成,呈球形,膜厚为 0.1~0.2 mm,电阻<250 MΩ(25 ℃)。

(2)玻璃支持管是支持玻璃膜的玻璃管体,由电绝缘性优良的铅玻璃制成,其膨胀系数应与玻璃膜一致。

(3)内参比电极为银/氯化银电极,其主要作用是引出电极电位,要求电位稳定、温度系数小。

(4)内参比溶液为 0.1mol/L HCl 溶液,外参比溶液为饱和 KCl 溶液。

(5)电极壳是支持玻璃电极和液接界,盛放外参比溶液的壳体,通常由聚碳酸酯(polycarbonate,PC)塑压成型或者由玻璃制成。PC 塑料在有些溶剂中会溶解,如四氯化碳、三氯乙烯、四氢呋喃等。如果测试中含有以上溶剂,就会损坏电极外壳,此时应改用玻璃外壳的 pH 复合电极。

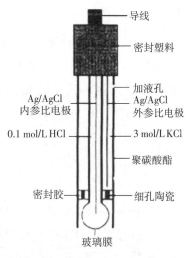

图 5-5　复合 pH 电极

(6)外参比电极为银/氯化银电极,其作用是提供并保持一个固定的参比电势,要求电位稳定、重现性好、温度系数小。

(7)外参比溶液为 KCl 溶液或 KCl 凝胶电解质。

(8)液接界是外参比溶液和待测溶液的连接部件,要求渗透量稳定,通常用砂芯材料。

(9)电极导线为低噪声金属屏蔽线,内芯与内参比电极连接,屏蔽层与外参比电极连接。

(二)测定原理和方法

电位法测定溶液 pH 常以 pH 玻璃电极为指示电极,饱和甘汞电极为参比电极,插入待测溶液中组成原电池。其电池符号表示为:

$$(-)GE | 待测溶液 | SCE(+)$$

25 ℃时,该原电池的电动势 E 为:

$$E = \varphi_{SCE} - \varphi_{GE} = 0.2412 - (K - 0.059\text{pH}) = 0.2412 - K + 0.059\text{pH} \quad (5-2)$$

由于 K 为玻璃电极的性质常数,因此,将 0.2412 和 K 合并可得到一个新常数,故有:

$$E = K' + 0.059\text{pH} \tag{5-3}$$

由式(5-3)可知,K'包含饱和甘汞电极的电位、玻璃电极的性质常数K。在玻璃电极的K'已知且固定不变时,测得电动势E,便可求得待测溶液的pH。但实际上K'常随着玻璃电极的不同和溶液组成变化而发生变化,甚至会随电极使用时间的长短而发生微小变化,其变动值又不易准确测定,而且不同玻璃电极的不对称电位也不相同。为了消除上述因素的影响,在测定溶液的pH时,需用标准缓冲溶液进行对照,即采用两次测量法。

两次测量法可以消除玻璃电极的不对称电位和公式中的常数值。其方法为:先测量已知pH_s的标准缓冲溶液的电池电动势(E_s),再测量未知pH_x的待测溶液的电池电动势(E_x)。在25 ℃时,电池电动势与pH之间的关系满足下式:

$$E_x = K' + 0.0592\text{pH}_x$$
$$E_s = K' + 0.0592\text{pH}_s$$

将两式相减并整理,得:

$$\text{pH}_x = \text{pH}_s - (E_s - E_x)/0.0592 \tag{5-4}$$

由式(5-4)可知,用两次测量法测定溶液pH时,只要在温度相同的条件下使用同一对玻璃电极和饱和甘汞电极,无须知道公式中的"常数"和玻璃电极的不对称电位,就可求出待测溶液的pH。因此,两次测量法可以消除玻璃电极的不对称电位和公式中"常数"的不确定因素所带来的误差。注意:由于饱和甘汞电极在标准缓冲溶液和待测溶液中产生的液接电位不相同,因此会引起测量误差。若两者的pH极为接近($\Delta\text{pH}<3$),则液接电位不同而引起的测量误差可忽略。因此,测量时选用的标准缓冲溶液与样品溶液的pH应尽量接近。

在实际工作中,常用pH计测定溶液pH。pH计由复合pH电极、电流计和显示器等组成。电流计用于测定溶液的电位。溶液的pH不同,电位也不同。显示器可将电流计的输出信号转换成pH读数。因此,pH计可直接显示溶液的pH,无须计算。测定溶液pH时,应根据《中国药典》规定进行二次校准:选择两种相差约3个pH单位的标准缓冲溶液,并要求样品溶液的pH处于两种标准缓冲溶液的pH之间。用与样品溶液pH较接近的第一种标准缓冲溶液作校准液,对仪器进行校准(定位)后,使仪器示值与该标准缓冲溶液的pH保持一致。仪器定位后,再用第二种标准缓冲溶液核对仪器示值,误差应不大于±0.02个pH单位。若大于此偏差,则应小心调整仪器上的斜率,使仪器示值与第二种标准缓冲溶液的pH相符,重复上述定位与斜率调节操作,直至仪器示值与标准缓冲溶液的pH相差不大于±0.02个pH单位,否则应检查仪器或更换电极,再校正至符合要求后测定样品溶液的pH。

用直接电位法测定溶液的pH,不受氧化剂、还原剂及其他活性物质的影响,可用于有色物质、胶体溶液或混浊溶液的pH测定,且测定前无须对待测溶液做预处理,测定后不破坏、沾污溶液,因此,其应用极为广泛,在药物分析中常应用于测定注射剂、大输液、滴眼液等制剂及原料药物的 pH。

【仪器与试剂】

1. 仪器

pHS-3C 型 pH 计、小烧杯等。

2. 试剂

KH_2PO_4 与 Na_2HPO_4 标准缓冲溶液(pH＝6.8)、$Na_2B_4O_7 \cdot 10H_2O$ 标准缓冲溶液(pH＝9.18)、生理盐水等。

【内容与步骤】

1. pHS-3C 型 pH 计的准备、校准与核对

(1)仪器使用前准备。将浸泡好的玻璃电极与饱和甘汞电极夹在电极夹上,接上导线。用纯化水清洗两电极头,再用滤纸吸干电极外壁上的水。

(2)仪器预热。测定前打开电源预热 20 min 左右。

(3)仪器的校准。仪器在使用前需要校准,操作如下：

①将仪器功能选择旋钮旋转至"pH"挡。

②将电极插入 pH 接近 7 的标准缓冲溶液中(pH＝6.8,298.15 K)。

③调节"温度"补偿旋钮,使所指示的温度与标准缓冲溶液的温度相同。

④将"斜率"旋钮按顺时针转到底(100％)。

⑤将清洗过的电极插入已知 pH 的标准缓冲溶液中,轻摇装有缓冲溶液的烧杯,直至电极反应达到平衡。

⑥调节"定位"旋钮,使仪器上显示的数字与标准缓冲溶液的 pH 相同,如缓冲溶液 pH＝6.8,读数显示也是 6.8。

⑦核对仪器示值。取出电极,用纯化水清洗,再用滤纸吸干电极上的水,插入第二种标准缓冲溶液(pH＝9.18,298.15 K)中,仪器显示的 pH 与 9.18 的差值应在±0.02 以内。若大于此偏差,则应小心调节斜率,使仪器示值与第二种标准缓冲溶液的 pH 相符,再重复前面操作,直至仪器示值与标准缓冲溶液 pH 的差值不大于±0.02 个 pH 单位。

2. 生理盐水 pH 的测定

把电极从标准缓冲溶液中取出,用纯化水清洗后,再用生理盐水清洗一次,然后插入生理盐水中,轻摇烧杯,电极反应平衡后,读取生理盐水的 pH。

3. 结束工作

测量完毕,取出电极,清洗干净。用滤纸吸干饱和甘汞电极外壁上的水,塞上橡皮塞后放回电极盒。将玻璃电极浸泡在纯化水中,切断电源。

【注意事项】

(1)玻璃电极不能在含氟较高的溶液中使用。

(2)用滤纸吸玻璃电极膜上的水时,动作一定要轻,否则会损坏玻璃膜。

(3)待测溶液与标准缓冲溶液的 pH 应该接近。

【数据记录】

用 pH 计测定生理盐水的 pH。

项目	1	2	3
生理盐水的 pH			
平均值			

➡ **思考题**

1. 为什么要用两次测定法测定生理盐水的 pH?

2. 标准缓冲溶液的 pH 与生理盐水的 pH 相差多大为宜?

练 习 题

一、单项选择题

1. 电位法测定溶液的 pH 常选用的指示电极是( )。

　　A. 氢电极　　　B. 饱和甘汞电极　　C. 玻璃电极　　D. 银-氯化银电极

2. 玻璃电极的内参比电极是( )。

　　A. 银电极　　　　　　　　　　B. 银-氯化银电极

　　C. 饱和甘汞电极　　　　　　　D. 标准氢电极

3. 在电位法中,离子选择电极的电位应与待测离子的浓度( )。

　　A. 成正比　　　B. 对数成正比　　C. 成反比　　D. 符合能斯特方程

4. 下列可作为基准电极的是( )。

　　A. 标准氢电极　　B. 饱和甘汞电极　　C. 玻璃电极　　D. 惰性电极

5. 下列属于惰性金属电极的是( )。

　　A. 锌电极　　　B. 铅电极　　　　C. 玻璃电极　　D. 铂电极

6. 下列哪些因素与甘汞电极的电极电位有关？（　　）
   A. Cl^- 浓度　　B. H^+ 浓度　　C. K^+ 浓度　　D. OH^- 浓度

7. 玻璃电极在使用前应预先在纯化水中浸泡（　　）。
   A. 2 h　　B. 12 h　　C. 24 h　　D. 48 h

8. 当pH计显示的pH与标准缓冲溶液的pH不符合时,可通过调节下列哪种部件使之相符？（　　）
   A. 温度补偿器　　B. 定位调节器　　C. 零点调节器　　D. pH-mV转换器

9. 电位法中电极组成为（　　）。
   A. 两支不相同的参比电极　　　　B. 两支相同的指示电极
   C. 两支不相同的指示电极　　　　D. 一支参比电极,一支指示电极

10. 以下电极属于膜电极的是（　　）。
    A. 银-氯化银电极　　　　B. 铂电极
    C. 玻璃电极　　　　　　D. 氢电极

11. 用直接电位法测定溶液的pH时,为了消除液接电位对测定的影响,要求标准缓冲溶液的pH与待测溶液的pH之差为（　　）。
    A. 3　　B. <3　　C. >3　　D. 4

12. 消除玻璃电极的不对称电位常采用的方法是（　　）。
    A. 用水浸泡玻璃电极　　　　B. 用碱浸泡玻璃电极
    C. 用酸浸泡玻璃电极　　　　D. 用两次测定法

13. 玻璃电极在使用前一定要在水中浸泡几个小时,目的在于（　　）。
    A. 清洗电极　　B. 活化电极　　C. 校正电极　　D. 检查电极好坏

14. pH计是由一个指示电极、一个参比电极与试样溶液组成的（　　）。
    A. 滴定池　　B. 电解池　　C. 原电池　　D. 电导池

15. pH计在测定溶液的pH时,应选用的温度为（　　）。
    A. 25 ℃　　B. 30 ℃　　C. 任何温度　　D. 被测溶液的温度

16. 氟离子选择电极属于（　　）。
    A. 参比电极　　　　　　　　B. 均相膜电极
    C. 金属-金属难溶盐电极　　　D. 标准电极

17. 离子选择电极在一段时间内不用或新电极在使用前必须（　　）。
    A. 活化处理　　　　　　　　　　B. 用待测浓溶液浸泡
    C. 在蒸馏水中浸泡(24 h以上)　　D. 在NaF溶液中浸泡(24 h以上)

18. 离子选择电极的选择性主要取决于（　　）。
    A. 离子活度　　　　B. 电极膜活性材料的性质
    C. 参比电极　　　　D. 测定酸度

19.下列哪些不是饱和甘汞电极使用前的检查项目？（　　）

A. 内装溶液的量够不够　　　　　　B. 溶液中有没有 KCl 晶体

C. 液体有没有堵塞　　　　　　　　D. 甘汞体是否异常

二、填空题

1. 在电位法中，常用的参比电极有_____、_____。

2. 离子选择电极电位产生的机制为_____、_____。

三、简答题

1. 简述玻璃电极的测定原理。

2. 用 pH 计测定溶液 pH 时，为什么用两次测定法？

四、实例分析题

在 25 ℃时，测得 pH＝4.00 的标准缓冲溶液的电池电动势为 0.209 V，待测溶液的电池电动势为 0.312 V。

(1) pH＝4.00 的标准缓冲溶液在实验中的作用是什么？

(2) 计算待测溶液的 pH。

（王　丹）

第6章　薄层色谱检测技术

知识目标

1. 了解薄层色谱法的基本原理。
2. 掌握薄层板的制作方法。
3. 了解薄层色谱法分析条件的选择。

能力目标

1. 能熟练掌握薄层板的制作方法。
2. 能学会薄层色谱定性和定量的分析方法。

薄层色谱法(thin layer chromatography，TLC)是把吸附剂(或载体)均匀地铺在一块光滑、平整、洁净的载板(玻璃板、塑料板或铝板)上形成薄层，在此薄层上进行色谱分离的方法，按分离机制可分为吸附薄层法、分配薄层法、离子交换薄层法、尺寸排阻薄层法等。薄层色谱法具有操作方便、灵敏度高、显色剂选择性高、载样量较纸色谱大等优点，因此，该方法在医药、环境、食品、农业等领域得到广泛应用。

薄层色谱法属于液相色谱法，随着高效液相色谱的发展及新型吸附剂问世，20世纪70年代又出现了高效薄层色谱法，使薄层色谱法发展为高精度、重现性良好的检测方法。

第1节　薄层色谱法概述

一、色谱法

色谱法也叫层析法，是一种高效能的物理分离技术。将它用于分析化学并配合适当的检测手段，就成为色谱分析法。早在1903年，俄国植物学家茨维特分离植物色素时即已采用。他在研究植物叶子色素成分时，将植物叶子的萃取物倒入填有碳酸钙的直立玻璃管内，然后加入石油醚使其自由流下，结果色素中各组分分离形成各种不同颜色的谱带。这种方法因此得名"色谱法"。以后，此法逐渐应用于无色物质的分离，"色谱"

二字虽已失去原来的含义，但仍被沿用至今。

在色谱法中，将填入玻璃管或不锈钢管内静止不动的一相（固体或液体）称为固定相；自上而下运动的一相（一般是气体或液体）称为流动相；装有固定相的管子（玻璃管或不锈钢管）称为色谱柱。当流动相中样品混合物经过固定相时，就会与固定相发生作用，由于各组分在性质和结构上存在差异，与固定相相互作用的类型、强弱也有差异，因此，在同一推动力的作用下，不同组分在固定相滞留时间的长短不同，从而按先后不同的次序从固定相中流出。

可以从不同角度对色谱法进行分类。

(1) 按两相状态分类。流动相为气体的色谱称为气相色谱(GC)，根据固定相是固体吸附剂还是固定液（附着在惰性载体上的有机化合物液体），又可分为气固色谱(GSC)和气液色谱(GLC)。流动相为液体的色谱称为液相色谱(LC)，同理，液相色谱亦可分为液固色谱(LSC)和液液色谱(LLC)。流动相为超临界流体的色谱称为超临界流体色谱(SFC)。随着色谱技术的发展，人们通过化学反应将固定液键合到载体表面而得到化学键合固定相。这种使用化学键合固定相的色谱又称为化学键合相色谱(CBPC)。

(2) 按分离机理分类。利用组分在吸附剂（固定相）上的吸附能力不同而实现分离的方法，称为吸附色谱法。利用组分在固定液（固定相）中的溶解度不同而实现分离的方法，称为分配色谱法。利用组分在离子交换剂（固定相）上的亲和力不同而实现分离的方法，称为离子交换色谱法。利用大小不同的分子在多孔固定相中的选择性渗透而实现分离的方法，称为凝胶色谱法或尺寸排阻色谱法。

最近，又有一种新的分离技术，即利用不同组分与固定相（固定化分子）的高专属性亲和力进行分离的技术，称为亲和色谱法，该方法常用于蛋白质的分离。

(3) 按固定相的外形分类。固定相装于柱内的色谱法称为柱色谱。固定相呈平板状的色谱称为平板色谱，平板色谱又可分为薄层色谱和纸色谱。

(4) 按展开程序分类。色谱法可分为洗脱法、顶替法和迎头法。

洗脱法也称冲洗法。工作时，首先将样品加到色谱柱头上，然后用吸附或溶解能力比试样组分弱得多的气体或液体作冲洗剂。由于各组分在固定相上的吸附或溶解能力不同，被冲洗剂带出的先后次序也不同，因此可实现组分的分离。这种方法能使样品的各组分获得良好的分离，色谱峰清晰。此外，除去冲洗剂后，可获得纯度较高的物质。目前，洗脱法是色谱法中最常用的一种方法。

顶替法是将样品加到色谱柱头后，在惰性流动相中加入对固定相的吸附或溶解能力比所有试样组分强的物质作为顶替剂（或直接用顶替剂作流动相），将各组分按吸附或溶解能力的强弱，依次顶替出固定相。很明显，吸附或溶解能力最弱的组分最先流出，最强的最后流出。此法适于制备纯物质或浓缩分离某一组分；其缺点是使用一次后，柱子就被样品或顶替剂饱和，必须更换柱子或除去被柱子吸附的物质后，才能再使用。

迎头法是将试样混合物连续通过色谱柱,吸附或溶解能力最弱的组分首先以纯物质的状态流出,其次是吸附或溶解能力较弱的第二组分和第一组分的混合物,以此类推。该方法在分离多组分混合物时,除第一组分外,其余均非纯态,因此,仅适用于从含有微量杂质的混合物中分离出一个高纯组分(组分 A),而不适用于进行完全的分离和分析。

二、薄层色谱法分离原理

将含有 A、B 两组分的混合试样溶液点在薄层板的一端,在密闭的容器中用适当的流动相(又称展开剂)预饱和后展开,因为 A、B 两组分的吸附系数不同($K_A > K_B$),故吸附系数大的组分 A 在薄层板上迁移速度慢,而吸附系数小的组分 B 在薄层板上迁移速度快,A、B 两组分形成差速迁移。经过一段时间后,A、B 间的距离逐渐拉大,最后在薄层板上形成互相分离的两个斑点,如图 6-1 所示。

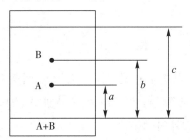

图 6-1 薄层色谱展开示意图

三、比移值与相对比移值

(一)比移值

比移值(R_f)是指在一定色谱条件下,原点到待测组分斑点中心的距离 L 与原点到溶剂前沿的距离 L_0 之比,即

$$R_f = \frac{L}{L_0} \tag{6-1}$$

若 $R_f = 0$,则表示斑点留在原点不动,该组分不随展开剂移动;若 $R_f = 1$,则表示斑点不被吸附剂保留,而随展开剂迁移到溶剂前沿。因此,R_f 应该在 0 与 1 之间。在相同的条件下,不同组分的 R_f 不同,适宜分离的 R_f 为 0.2~0.8。

> **思考题**
>
> 根据图 6-2，计算 A、B 两组分的比移值。

影响 R_f 的因素主要有溶质和展开剂的性质、薄层板的性质、温度、展开方式和展开距离等。只有在完全相同的条件下，组分的 R_f 才是定值，可用于定性分析。要想得到重现性好的 R_f，就必须严格控制实验条件。

（二）相对比移值

为了消除一些难以控制的实验条件的影响，常采用相对比移值（R_{st}）代替 R_f。相对比移值是指在一定色谱条件下，原点到待测组分斑点中心的距离与原点到参考物质斑点中心的距离之比，即

$$R_{st} = \frac{L_x}{L_s} = \frac{R_{f,x}}{R_{f,s}} \tag{6-2}$$

式中，L_x 为原点到待测组分斑点中心的距离，L_s 为原点到参考物质斑点中心的距离。

参考物可以是试样中的某组分，也可以是另外加入的标准物质。R_{st} 与 R_f 的取值范围不同，R_{st} 可以大于 1，也可以小于 1。

> **思考题**
>
> 已知物质 B 与参考物质 A 的相对比移值为 1.2。在一定的色谱条件下，A 在薄层板上展开后，斑点距原点 6 cm，此时溶剂前沿到原点的距离为 18 cm。若 B 也在此薄层板上同时展开，请计算 B 在薄层板上的位移值。

四、薄层色谱检测技术中的固定相与流动相

（一）固定相

1. TLC 对固定相的要求

①纯度高，含杂质少。②粒度、结构均匀，有一定的比表面积。③在展开剂中不溶。④与展开剂和试样不发生化学反应。⑤具有适当的吸附能力。⑥具有一定的机械强度和稳定性。

2. 固定相的选择

固定相的选择是薄层色谱法分离的关键。若被分离物质的极性强，则应选择吸附

能力弱的固定相;反之,则应选择吸附能力强的固定相。

3. 吸附剂的种类

(1)硅胶。硅胶是一种略带酸性的无定形极性吸附剂,适用于中性和酸性物质。

(2)氧化铝。氧化铝的吸附容量大,对含有双键的物质比硅胶有更强的吸附作用。

(3)纤维素。纤维素适合分离亲水性物质。

(4)聚酰胺。聚酰胺可与酚类、醇类、醌类、硝基化合物等形成氢键,从而产生吸附作用。

(二)流动相

1. TLC 对流动相的要求

①对待测组分有很好的溶解性,但不与之发生化学反应。②展开后的组分斑点圆而集中,无拖尾现象。③R_f 最好为 0.4~0.5(若试样中的组分较多,则 R_f 应为 0.2~0.8),各组分的 R_f 差值应大于 0.05,以便完全分离,否则斑点会发生重叠。

2. 流动相的选择

薄层色谱中流动相种类多、富有变化,因此,流动相的选择是影响薄层色谱分离效果的重要因素之一。在吸附薄层色谱中,流动相的选择需要考虑待测物质的性质、固定相的性质及流动相的极性三个因素,并遵循"相似相溶"原则进行选择。

薄层色谱中常用的溶剂按极性由弱到强的排序为:石油醚<环己烷<二硫化碳<四氯化碳<三氯乙烷<苯<甲苯<二氯甲烷<三氯甲烷<乙醚<乙酸乙酯<丙酮<正丙醇<乙醇<甲醇<吡啶<水。

3. 展开剂的选择

通常先用单一溶剂展开,根据分离效果进一步考虑改变展开剂的极性或采用混合溶剂(又称多元溶剂)展开。在多元溶剂中,占比例较大的溶剂一般起到溶解、分离的作用,占比例小的溶剂起到调节极性、改善 R_f 的作用。例如,某组分用苯为展开剂展开时,若 R_f 太大,则可在苯中加入适量极性小的溶剂,如石油醚、环己烷等,来降低展开剂的极性,获得满意的 R_f;若 R_f 太小,则可在苯中加入适量极性大的溶剂,如乙醇、丙酮等,通过不断地调节展开剂中各溶剂的比例,使分离效果达到要求。

分离某些酸性或碱性试样时,为了防止弱酸、弱碱的离解,获得好的组分斑点,还需要加入酸或碱来调节展开剂的 pH。

第 2 节　染料混合物的分离

【目的】

应用薄层色谱法进行染料混合物的分离。

【相关知识】

薄层色谱法的操作可分为制板、点样、展开、显色与检视、系统适用性试验和测定六个步骤。

一、制板

（1）载板的选取。取合适大小、板面光滑、平整、洗净后不附水珠、晾干的玻璃（或塑料、铝）板等。

（2）薄层板的涂铺。薄层板的制板方法分干法和湿法。一般常用湿法，下面以硬板的制备简要介绍薄层板的涂铺。将吸附剂（纸浆、纤维素、硅胶、中性氧化物、聚酰胺、多孔性玻璃粉、硅烷化键合硅胶等）和含一定比例黏合剂（如煅石膏或纤维素钠）的水溶液在研钵中研磨成糊后，将吸附剂均匀涂布在载板上。手工制板时常使用涂布器将调匀的吸附剂涂铺在载板上。机器铺板的原理同手工制板，由于机器可控制涂铺的速度，因此，制备的薄层板更均匀，质量更稳定。此外，还有倾注铺板法、浸渍法、喷雾法等。

（3）薄层板的活化。将铺好的薄层板自然阴干，一般在 110 ℃活化 30 min，然后置于干燥箱中备用。商品薄层板临用前一般应活化，聚酰胺薄膜不需要活化。

> **知识拓展**
>
> **薄层板的种类**
>
> 薄层板品种多样，下面根据制作过程中在吸附剂中加入其他试剂的不同，介绍几种常用的薄层板。
>
> （1）硬板和软板。吸附剂中加入黏合剂的薄层板称为硬板。常用的黏合剂有羧甲基纤维素钠（CMC-Na）和石膏（$CaSO_4 \cdot 2H_2O$）等。吸附剂中加入 CMC-Na 的用"CMC"表示，如硅胶 CMC；吸附剂中加入石膏的用"G"表示，如硅胶 G。吸附剂中不加黏合剂的薄层板称为软板，用"H"表示，如硅胶 H。硬板比软板应用广泛。
>
> （2）荧光薄层板。吸附剂中加入荧光指示剂（如荧光素钠、彩蓝等）的薄

层板称为荧光薄层板,用"F"表示,并以下标形式注明其激发波长。在紫外灯下观察,此类薄层板发荧光,而试样组分点由于吸收了紫外光而不发荧光或荧光较弱,适用于观察无色组分。如硅胶 $HF_{254+366}$、硅胶 $GF_{254+366}$ 等是指硅胶板在 254 nm、366 nm 紫外光激发下会发出荧光。

目前,还有一种商品化薄层板,称为高效薄层板。高效薄层板一般为商品预制板,由颗粒直径比经典薄层板更细小和更均匀的化学键合相、硅胶、氧化铝、纤维素等固定相,采用喷雾技术制成。

二、点样

把试样溶液点在距薄层板一端 1.5~2.0 cm 的适当位置上称为点样。

(1)样品溶液一般用甲醇、乙醇、丙酮、三氯甲烷等挥发性有机溶剂,最好用与展开剂极性相似的溶剂溶解试样,配成 0.5%~1% 的试样溶液。

(2)点样量的多少与薄层的性能、厚薄及显色剂的灵敏度有关。一般来说,样品量最小为几微克,常用量为几至几十微克,制备型分离的点样量可为毫克级。总之,点样量随分离目的而定。

(3)点样操作一般分为画基线、标记试样点和点样三步。

(4)点样容器包括定容毛细管或微量注射器。

(5)注意事项:①动作要轻,勿损伤薄层板表面。②可多次点样,每次点样后将试样点晾干或吹干,再二次点样,样点直径以不超过 5 mm(高效薄层板为 1~2 mm)为宜。③展开后斑点集中,各点面积大小一致。

三、展开

展开是指将点好样的薄层板放入层析缸中,距薄层板底边 0.5~1.0 cm 浸入展开剂(切勿将样点浸入展开剂),密封顶盖,至适宜的展距取出薄层板,标好溶剂前沿并晾干的过程。点完样的薄层板在展开前通常需要先进行预饱和。

1. 预饱和

预饱和分为两部分:①层析缸的预饱和。加入足够量的展开剂,必要时在壁上贴两条与缸一样高的宽滤纸条,一端浸入展开剂中,其目的是使展开剂蒸气在层析缸内饱和,使层析缸气液状态达到稳定,此时尚未放薄层板。②薄层板的预饱和。在层析缸饱和后,放入已经点样完毕的薄层板,进行预饱和,使薄层板整体差异性减小。

预饱和的目的:①消除边缘效应。边缘效应是指在平面色谱法中,同一块色谱板基线上的不同位置点上的同一种物质,产生边缘比移值大于中间比移值的现象。②预防展开剂分层。一般来说,使用极性不同的混合溶剂作展开剂,容易发生分层现象。预饱和使薄板上的吸附剂事先结合饱和蒸气中的溶剂系统,这样就可避免薄层板上展开剂分层。③预防展开剂蒸气对薄层板的影响。因为展开剂中沸点越低的溶剂,越易蒸发,因此,在薄层板上部浓度越大,对 R_f 值大的斑点移动距离影响就越大。

2. 展开方式和操作

(1)展开方式。可采取单向展开、双向展开和多次展开等方式。

①单向展开即向一个方向展开。上行单向展开[图 6-2(a)]是硬板常用的展开方式,即将点好样的硬板直立于盛有展开剂的层析缸中,展开剂借助毛细管作用自下而上将试样点分离;近水平展开[图 6-2(b)]适合于软板,即将点好样的薄层板上端垫高,使之水平展开角度为 15°~30°。

②双向展开[图 6-2(c)]即先向一个方向展开,取出,待展开剂完全挥发后,将薄层板转动 90°,再用原展开剂或另一种展开剂进行展开。

③多次展开即第一次展开后,待展开剂完全挥发后,再用同种或另一种展开剂按相同的方法进行同方向展开,以达到良好的分离效果。

展开时注意保持层析缸内展开剂的蒸气呈饱和状态,保持恒温恒湿,防止边缘效应。

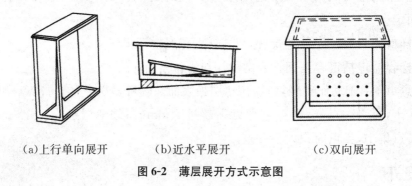

(a)上行单向展开　　　(b)近水平展开　　　(c)双向展开

图 6-2　薄层展开方式示意图

(2)展开操作。

①展开槽密闭的目的是使展开槽被展开剂蒸气饱和并使展开剂组分保持不变。

②为避免边缘效应,薄层板的预饱和有时是必要的。

(3)展距。常规薄层最长展距为 20 cm,高效薄层最长展距为 10 cm。

四、显色与检视

若分离的组分是有色物质,展开后可直接观察斑点的颜色;若分离的组分是无色物质,展开后常需要用物理方法或化学方法检视定位,以便进行测定。

1. 物理方法

物理方法是指在紫外光下观察组分斑点有无紫外吸收或荧光斑点,并记录其颜色、位置及强弱。

(1)紫外光下显色。有些化合物在可见光下不显色,但可吸收紫外光,显现不同颜色的暗点。

(2)产生荧光。有些化合物吸收紫外光后能产生荧光斑点。

(3)荧光板分离。有些化合物在可见光、紫外光下都不显色,也没有合适的显色方法,但可用荧光薄层板进行分离,紫外灯下可以在发亮的背景上显示化合物暗点。

物理检出法操作方便,而且不会改变化合物的性质,但是,对光敏感的化合物要注意避光,并尽量缩短用紫外光灯照射的时间。

2. 化学方法

化学方法主要是指先将组分斑点和显色剂反应,再检视定位。常用的显色剂分两类:

(1)通用显色剂。通用显色剂有碘、硫酸溶液、荧光黄溶液等。碘蒸气可使许多有机物显色,如生物碱、氨基酸及其衍生物、肽类、脂类、皂苷类等,且显色反应是可逆的。在空气中,随着碘的升华,组分斑点恢复为原来的状态。10%硫酸乙醇溶液可使大多数有机物产生色斑,甚至产生荧光。0.05%荧光黄甲醇溶液可使芳香族与杂环化合物的斑点显色。

(2)专用显色剂。此类显色剂只对某一类或某一种化合物显色,如茚三酮是氨基酸和脂肪族伯胺的专用显色剂,三氯化铁的高氯酸溶液可使吲哚类生物碱显色,溴甲酚绿可使羧酸类物质显色。

常见的显色方法有:①蒸气显色法是利用一些显色剂蒸气与试样组分反应而显色,如碘、溴、氨气等。②浸渍显色法是指将配制好的显色剂倒入容器中,展开后将薄层板放入其中显色。③加热显色法是指为了加速显色反应,常在105~110 ℃下烘至斑点清晰。④喷雾显色法是将显色剂通过喷雾装置喷向薄层板,使之显色,显色剂用量少,常与加热法混合使用。

五、系统适用性试验

对检测方法进行系统适用性试验,使斑点的检测灵敏度、比移值和分离效能符合规定。

(1)检测灵敏度。检测灵敏度是指试样溶液中待测物质能被检出的最低量。一般将对照溶液稀释若干倍的溶液与试样溶液和对照溶液在规定的色谱条件下,在同一块薄层板上点样、展开、检视,前者应显示清晰的斑点。

(2)比移值(R_f)。鉴别时,可用对照溶液主斑点与试样溶液主斑点的比移值进行比较,或用比移值来说明主斑点或杂质斑点的位置。除另有规定外,R_f应为0.2~0.8。

(3)分离效能。鉴别时,对照品与结构相似物质的对照品制成混合对照溶液的色谱图中,应显示两个清晰分离的斑点。

六、测定

1. 定性鉴别

对于已知范围的未知物斑点检视定位后,可利用斑点的颜色(或荧光)和位置(R_f或R_{st})进行定性鉴别。薄层色谱定性鉴别常用两种方法:

(1)利用比移值(R_f)和斑点颜色定性。将相同浓度试样与对照品置于同一薄层板上展开,根据试样和对照品的R_f值及其斑点大小和颜色(或荧光)深浅进行定性。必要时可通过多个展开系统进一步比较,确认试样与对照品是否是同一物质。

(2)利用相对比移值(R_{st})和斑点颜色定性。利用相同浓度试样与对照品的R_{st}及其斑点大小和颜色(或荧光)深浅进行定性分析,也可与文献收载的R_{st}进行比较。

对于未知物的定性,应将分离后的组分斑点取下,洗脱后借助其他方法,如傅里叶变换红外光谱、质谱法等进一步定性分析。

2. 定量测定

点样量的精确度、斑点面积的规则程度及测量方法的精确度等诸多因素均可影响薄层色谱定量分析的准确度。常用的定量测定方法有目视比色法、洗脱法和薄层扫描法。

(1)目视比色法。目视比色法是一种半定量分析方法,将一系列已知浓度的对照品溶液与试样溶液点在同一薄层板上,展开并显色后,用眼睛观察并比较试样斑点与对照品斑点的颜色深浅或面积大小,求出待测组分的近似含量。

(2)洗脱法。洗脱法是将组分斑点全部取下,用适当的溶剂进行洗脱,再选用适当的方法如紫外-可见分光光度法、荧光分光光度法等进行定量分析。

(3)薄层扫描法。用薄层扫描仪对组分斑点进行扫描,直接测定各斑点对应组分的含量。该方法准确度较高,精密度可达±5%,是薄层色谱主要的定量方法。

定量测定时注意:①用于定量的薄层色谱法要求展开后色斑集中、无拖尾现象。②应选用对待测组分有较大溶解度的溶剂进行浸泡、洗脱。③对吸附性较强、不易洗脱的组分,可采用离心分离或过滤等方法洗脱。

> **知识拓展**
>
> **洗脱测定方法**
>
> 紫外分光光度法:将洗脱液调整至一定体积,在此化合物最大吸收波长处测定。同时,把样品斑点相应位置的薄层吸附剂取下作空白对照。
>
> 比色法:选择灵敏度高、专属性好的比色反应测定化合物含量,这是比较常用的方法。
>
> 其他方法还有极谱法、恒电流库仑法、荧光测定法等。

随着科技的发展,薄层色谱法已成为一种灵敏、高效的分离与分析方法,并被广泛应用。例如,乙酰螺旋霉素是一种大环内酯类抗生素,《中国药典》(2015年版)第二部采用薄层色谱法对乙酰螺旋霉素进行鉴别。

具体操作:取乙酰螺旋霉素及其标准品,分别加入甲醇制成 5 mg/mL 供试品溶液与标准品溶液。吸取上述两种溶液各 10 μL,分别点于同一薄层板上(取硅胶 0.6 g,加 0.1 mol/L 氢氧化钠溶液 25 mL,研磨成糊状,搅匀后涂布在 20 cm×5 cm 的玻璃板上,晾干后置于 105 ℃ 活化 30 min),以甲苯-甲醇(体积比为 9∶1)为展开剂,展开后晾干,置于碘蒸气中显色。供试品溶液所显的四个主斑点的颜色和位置应与乙酰螺旋霉素标准品溶液的四个主斑点的颜色和位置相同。

> **知识拓展**
>
> **薄层扫描仪**
>
> 薄层扫描仪是一种专门对斑点进行扫描的分光光度计。薄层扫描仪的型号种类繁多,常用的是双波长薄层扫描仪。双波长薄层扫描仪的光学系统与双光束双波长分光光度计相似,其原理也相同。

【仪器与试剂】

1. 仪器

层析缸 1 个、玻璃板(10 cm×20 cm)2 块、乳钵 1 个、平口毛细管数根、直尺和铅笔(自备)、干燥器等。

2. 试剂

混合染料:称取甲基黄、苏丹Ⅲ各 40 mg,加无水乙醇溶解后,置于 100 mL 容量瓶中稀释至刻度,摇匀。

0.3% 羧甲基纤维素钠(CMC-Na)水溶液:称取 0.30 g CMC-Na,加入 100 mL 蒸馏水,加热使其溶解,静置,澄清备用。

苯、硅胶 G 等。

【内容与步骤】

(1)制备薄层板。在乳钵中加入 14～16 mL 0.3% CMC-Na 水溶液,将 5 g 250 目以下的硅胶 G 慢慢加入其中,调成均匀的糊状物,将此糊状物倒在洁净的玻璃板上,振动玻璃板,使其均匀分布于整块玻璃板上,平放晾干。

(2)活化。将晾干后的薄层板放入烘箱中,缓慢升温至 110 ℃,恒温活化 30～60 min,取出,稍冷后置于干燥器中备用。

(3)点样。在距玻璃板一端 2 cm 处,用铅笔轻轻划一直线作为起始线,在起始线上用铅笔做一个标记"×"。用毛细管蘸取混合溶液,手握毛细管使之与玻璃板垂直,在标记处点样。待溶剂挥发干后,再点样,重复 1~2 次。注意:样点直径不能超过 2 mm。

(4)展开。层析缸需预先用展开剂饱和:在层析缸中加入展开剂苯 15 mL,盖上毛玻璃盖,密封缸顶,使系统平衡,约需 15 min。然后将点好样品的薄层板放入层析缸的展开剂中,点样端朝下,浸入展开剂中(切勿将样点浸入展开剂中),密封层析缸盖。待展开至规定距离(一般为 10~15 cm,需 50~60 min),取出薄层板,立即用铅笔划出前沿线,待苯挥发后用铅笔划出各斑点中心。

【注意事项】

(1)玻璃板要干净、干燥,取用时只能接触玻璃板边缘。

(2)在薄层板上画起始线时,手指不得接触吸附剂表面。

(3)点样时用力要均匀,不可损伤薄层板表面。点样量不宜过多,否则易拖尾。

(4)将展开剂倒入层析缸后,要用毛玻璃片盖住缸口,使展开剂蒸气饱和。

(5)将薄层板取出时,要及时标出前沿线,否则无法计算 R_f 值。

【数据记录与处理】

1. 数据记录

项目	斑点 A	斑点 B
原点到斑点中心的距离/cm		
原点到溶剂前沿的距离/cm		
R_f		
结论		

2. 数据处理

$$R_f = \frac{原点到斑点中心的距离}{原点到溶剂前沿的距离}$$

【思考题】

1. 薄层板为什么要活化?怎样活化?活化后的薄层板应如何保存?

2. 有 A、B 两瓶无标签的试剂,如何用薄层色谱法分析它们是否是同一化合物?

3. 影响 R_f 值的主要因素有哪些?

练 习 题

一、单项选择题

1. 色谱法中吸附剂含水量越高,则（　　）。
   A. 吸附力越强　　B. 活性越低　　C. 活性越高　　D. 吸附力越弱

2. 一般用亲水性吸附剂（如硅胶和氧化铝）时,若分离物极性较小,则应选用（　　）。
   A. 吸附性较大的吸附剂,极性较大的洗脱剂
   B. 吸附性较小的吸附剂,极性较大的洗脱剂
   C. 吸附性较小的吸附剂,极性较小的洗脱剂
   D. 吸附性较大的吸附剂,极性较小的洗脱剂

3. 在色谱分离过程中,流动相对物质起着（　　）。
   A. 滞留作用　　B. 洗脱作用　　C. 平衡作用　　D. 分解作用

4. 在薄层色谱法中,一般要求 R_f 的范围为（　　）。
   A. 0.2～0.8　　B. 1.0～1.5　　C. 0.1～3.5　　D. 0.1～0.2

5. 薄层色谱中软板和硬板的区别在于（　　）
   A. 有无黏合剂　　　　　　　　B. 吸附剂量的多少
   C. 加水量的多少　　　　　　　D. 活化时间的长短

6. 在吸附薄层色谱中,对于极性化合物,增加展开剂中极性溶剂的比例,可使比移值（　　）。
   A. 减小　　B. 不变　　C. 增大　　D. 为零

7. TLC 中,（　　）是氨基酸的专用显色剂。
   A. 碘　　　　　　　　　　　　B. 茚三酮
   C. 荧光黄溶液　　　　　　　　D. 硫酸溶液

8. 以加入石膏的硅胶为吸附剂涂铺成的薄层板通常表示为（　　）。
   A. T　　B. G　　C. 硅胶 G　　D. M

9. 点样时,试样溶液点距薄层板一端的合适位置是（　　）。
   A. 2.0～2.5 cm　　B. 1.5～2.0 cm　　C. 1.0～1.5 cm　　D. 2.5～3.0 cm

10. 薄层板的活化温度一般为（　　）。
    A. 110 ℃　　B. 100 ℃　　C. 90 ℃　　D. 150 ℃

11. 下列溶剂中,极性最弱的是（　　）。
    A. 乙醇　　B. 乙醚　　C. 苯　　D. 四氯化碳

12. 吸附薄层色谱所用的吸附剂粒径一般为（　　）。
    A. 1～5 μm   B. 5～60 μm   C. 5～80 μm   D. 5～40 μm
13. 某组分用苯作展开剂时，若 R_f 太大，则可在苯中加入（　　）来降低展开剂的极性。
    A. 石油醚   B. 乙醚   C. 乙醇   D. 丙酮
14. 某组分用苯作展开剂时，若 R_f 太小，则可在苯中加入（　　）来降低展开剂的极性。
    A. 石油醚   B. 丙酮   C. 环己烷   D. 二硫化碳
15. TLC中，（　　）是羧酸类物质的专用显色剂。
    A. 茚三酮   B. 碘   C. 溴甲酚绿   D. 硫酸乙醇

二、填空题

1. _____ 和 _____ 是吸附薄层色谱法中最常用的吸附剂。
2. 在吸附薄层色谱法中，主要根据被分离物的 _____、_____ 以及 _____ 三者的相对关系选择合适的吸附剂和展开剂。
3. 薄层色谱法的步骤为 _____、_____、_____、_____、系统适用性试验和 _____。
4. 在薄层色谱法中，R_f 与 R_{st} 均为物质定性鉴定的依据。R_f 在 _____ 和 _____ 之间，_____ 为可用范围，_____ 为最佳范围；R_{st} 可 _____，也可 _____。
5. 薄层色谱法常用的定量方法有 _____ 和 _____ 两种。

三、简答题

1. 在薄层色谱法中，如何选择展开剂？
2. 在薄层色谱法中，展开前为何先用蒸气饱和展开槽和薄层板？

四、计算题

1. 已知化合物 A 在薄层板上从试样原点迁移 7.2 cm，试样原点距溶剂前沿 14.4 cm。
   (1) 计算化合物 A 的 R_f；
   (2) 在相同的薄层板上展开且展开系统相同时，若试样原点距溶剂前沿 16.8 cm，试求化合物 A 的斑点与试样原点的距离。
2. 使用薄层色谱法分离甲、乙两组分的混合物。停止展开时，原点距溶剂前沿 15 cm，甲组分斑点中心距原点 6.2 cm，乙组分斑点中心距原点 4.9 cm，两斑点直径分别为 0.66 cm 和 0.59 cm，计算两组分的比移值 R_f。

(汪　兵)

第 7 章　气相色谱检测技术

知识目标

1. 掌握气相色谱法的原理。
2. 了解气相色谱流程和气相色谱的组成。
3. 了解固定相的种类,掌握色谱柱技术,掌握固定相的选择原则。
4. 了解气相色谱流动相的种类和流动相的选择原则。
5. 了解气相色谱检测器的种类,掌握各种检测器的结构和工作原理。
6. 掌握气相色谱分析条件的选择原则。

能力目标

1. 掌握气相色谱仪的基本操作技术。
2. 能正确设置气相色谱分析条件。
3. 学会气相色谱定性、定量分析方法。

气相色谱法(gas chromatography,GC)是以气体为流动相的色谱法,主要用于分离分析低沸点挥发性成分。1941 年,英国科学家 Martin 和 Synge 提出用气体作为流动相的可能。1952 年,James 和 Martin 完成了从理论到实践的开创性研究工作,实现了用气相色谱法分离测定复杂混合物。1955 年,诞生了第一台商用气相色谱仪。1956 年,荷兰化学家 Van Deemter 发表了著名的"速率理论"。1957 年,美国科学家 Golay 和 Giddings 发展了"速率理论",为气相色谱的发展奠定了理论基础。此后,各种固定相的发展、毛细管柱的出现以及高灵敏度、高选择性检测器的应用,使气相色谱法日臻完善,成为极其重要和有效的分析技术。

气相色谱仪不仅价格便宜,而且保养和使用成本也很低,易于自动化,可以在很短的时间内获得准确的分析结果,尤其适合分离、分析低分子有机化合物。气相色谱-质谱联用技术结合色谱分离能力与质谱定性、结构鉴定能力,现已成为分离、分析复杂混合物的重要工具。

第1节 气相色谱仪结构认识及基本操作

【目的】

以 GC7890Ⅱ型气相色谱仪为例,认识色谱仪结构,学会气相色谱仪的基本操作。

【相关知识】

一、气相色谱仪结构

气相色谱仪有多种类型,但其设计的原理基本相同,仪器主要由载气钢瓶、减压阀、流量调节阀、流量计、气化室、色谱柱、检测器、放大记录装置等部件组成,如图 7-1 所示。

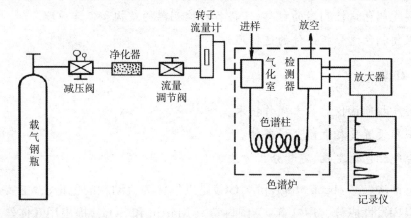

图 7-1 气相色谱仪结构示意图

高压钢瓶中的载气(流动相)经减压阀减压,通过装有吸附剂(分子筛)的净化器除去载气中的水分和杂质,到达流量调节阀,维持气体压力稳定。样品在气化室气化后被载气带至色谱柱,各组分按分配系数大小顺序,依次被载气带出色谱柱并进入检测器。检测器将各组分的浓度(或质量)信号转变成可测的电信号,经数据处理后,得到色谱图,用于定性和定量分析。

二、气相色谱仪组成

气相色谱仪按照各部件的功能可分为六个系统:

①载气系统,包括气源、气体压力的控制与显示装置、气体净化器、色谱柱载气流量的调节与显示装置、色谱柱载气压力的调节与显示装置等。

②进样系统,包括进样器和气化室。

③分离系统,包括色谱柱和柱箱。

④检测系统,包括检测器、检测器气路系统等。

⑤温度控制系统,包括气化室温度控制系统、色谱柱温度控制系统、检测器温度控制系统等。

⑥记录系统,主要由放大器和色谱工作站组成。

其中,载气系统、进样系统、温度控制系统和记录系统又称为辅助系统。

【仪器】

GC7890Ⅱ型气相色谱仪、进样针、毛细管柱、填充柱、检测器(热导检测器、氢火焰离子化检测器、电子捕获检测器和火焰光度检测器)、空气钢瓶、氢气钢瓶、氮气钢瓶等。

【内容与步骤】

1. 认识仪器结构

认识载气系统、进样系统、分离系统、检测系统、温度控制系统和记录系统。

2. 了解气路结构

了解载气钢瓶、减压阀、气体净化装置、流量控制开关、进样器(只有载气)、色谱柱(只有载气)、检测器(载气、空气和氢气)等。

3. 介绍主机面板

主机电源开关;色谱柱温度显示与设定;进样器温度显示与设定;检测器 A 的温度显示与设定;检测器 B 的温度显示与设定。

4. 色谱工作站说明

N2000 工作站:检测器信号输入、A/D 转换器、电脑接口、数据采集及处理软件等。

5. 操作步骤

(1)打开氮气钢瓶,调节减压阀输出压力,打开净化器开关。

(2)通入载气后,打开主机电源。

(3)设定色谱柱温度、进样器温度、检测器温度并运行。

(4)调节各气体流量,调节流动相流量,如用氢火焰离子化检测器,应打开空气、氢气钢瓶并调节流量,点燃检测器。

(5)开启电脑,打开在线工作站,观察基线。

(6)待准备灯亮、基线平稳,可以进行进样分析。

(7)分析结束后,关闭氢气和空气。

(8)设置色谱柱、进样器、检测器温度为常温,达到设置温度后,关闭主机电源。

(9)关闭电源后,让流动相继续流动 10 min 再关闭流动相。

(10)关闭色谱在线工作站,关闭电脑。

【注意事项】

(1)开启载气钢瓶时要缓慢,减压阀不得对着人。
(2)根据仪器输入压力要求调节减压阀输出压力。
(3)关闭电源前,要观察柱温度、进样器温度、检测器温度是否降到设定的关机温度。
(4)进样前要观察准备灯是否显示,基线是否漂移。

思考题

1. 为什么要在准备灯亮、基线平稳后才能进样分析?
2. 关闭电源后,为什么还要让流动相继续流动一段时间?

知识链接

一、色谱柱

目前,气相色谱色谱柱主要有填充柱和毛细管柱两种类型。

(一)填充柱

填充柱是将固定相填充在内径为3～6 mm的螺旋柱管内制成的色谱柱。填充柱的固定相按操作条件下的物理状态,可分为气固色谱固定相和气液色谱固定相两大类。气固色谱固定相为固体,其分离原理是基于样品分子在固定相表面吸附能力的差异而实现分离。气液色谱固定相由载体和固定液组成。载体又称担体,多为惰性多孔固体颗粒。固定液是涂布在载体上的高沸点物质。气液色谱固定相的分离原理是利用被分离组分在气相(流动相)和液相(固定相)间的分配系数不同而实现分离。

1. 气固色谱固定相

气固色谱固定相包括吸附剂、高分子多孔微球和化学键合固定相。

(1)吸附剂。常用的吸附剂有活性炭、石墨化碳黑、硅胶、氧化铝、分子筛等,多为多孔性材料,具有较大的比表面积和较密集的吸附活性。活性炭主要用于分析空气、一氧化碳、甲烷、二氧化碳、乙炔、乙烯等;石墨化碳黑可用于分离结构和空间异构体;硅胶主要用于分析一氧化二氮、二氧化硫、硫化氢等气体及$C_1 \sim C_4$烷烃等物质;氧化铝主要用于分析$C_1 \sim C_4$烃类及其异构体;分子筛是一类人工合成的硅铝酸盐,适合分离永久气体和惰性气体。

(2)高分子多孔微球。它是以苯乙烯和二乙烯基苯为主进行聚合交联反应生成的一类有机高分子多孔微球。采用不同的单体和共聚条件,可以得到极性及物理结构不同(如比表面积和孔径分布不同)的小球,从而满足不同分离效能的要求。高分子微球兼具吸附剂和有机固定液的特征。

(3)化学键合固定相。化学键合固定相又称化学键合多孔微球固定相。这种固定相以表面积和孔径可人为控制的球形多孔硅胶为基质,借助化学反应将固定液键合于载体的表面。其特点是具有良好的热稳定性,固定相不易流失,适合快速分析,极性组分和非极性组分都能获得对称峰,常用于分析 C_1~C_3 烷烃、烯烃、炔烃、二氧化碳、卤代烃及有机含氧化合物。

2. 气液色谱固定相

气液色谱固定相包括载体和固定液。

(1)载体。载体又称担体,是一种化学惰性物质,为多孔性固体颗粒。它为固定相提供一个惰性表面,使其能铺展成薄而均匀的液膜,使固定液和流动相之间具有尽可能大的接触面积。

载体的基本要求:①有较大的比表面积。②具有化学惰性,不与样品及固定液发生化学反应。③热稳定性好,高温下不分解、不变形。④形状规则,大小均匀,具有一定的机械强度。⑤对固定液有较好的浸润性,便于固定液的涂渍。

载体的分类:

$$\text{载体}\begin{cases}\text{硅藻土载体}\begin{cases}\text{红色载体(6201 红色载体、201 红色载体、C-22 保温砖等)}\\\text{白色载体(国产 101 白色载体、405 白色载体及进口 Chromosorb M 白色载体等)}\end{cases}\\\text{非硅藻土载体}\begin{cases}\text{玻璃微球}\\\text{高分子多孔微球}\\\text{聚四氟乙烯}\end{cases}\end{cases}$$

硅藻土载体:由硅藻土煅烧而成。根据制造方法不同,硅藻土载体可分为红色载体和白色载体两种。红色载体是由天然硅藻土与黏合剂煅烧而成的,因其中少量铁变成红色的氧化铁,故煅烧呈红色。一般非极性固定液使用红色载体,用于分析非极性组分。白色载体是指天然硅藻土经盐酸处理,煅烧时加入少量的碳酸钠等助熔剂,使氧化铁在煅烧后生成铁硅酸钠络合物,为白色多孔性颗粒物。极性固定液使用白色载体,用于分析极性物质。硅藻土载体的体表面有很强的吸附性,为消除载体的表面活性,可采用酸洗、碱洗、硅烷化和釉化等方法处理载体表面。

非硅藻土载体:如玻璃微球、氟载体等。它们耐腐蚀,固定液涂量少,仅在一些特殊分析对象中使用,如分析强腐蚀性物质,其应用不如硅藻土载体普遍。

(2) 固定液。气相色谱固定相是将固定液均匀涂渍在载体上而成的。固定液一般为高沸点有机物，在室温下呈固态或液态，操作温度下为液态。对固定液的要求：①热稳定性及化学稳定性好，在使用温度下不分解，不与试样组分发生化学反应。②对试样组分有良好的分离选择性。③在操作温度下，有较低的蒸气压，否则固定液易流失。固定液有最高使用温度，实际使用温度一般比该温度低20℃左右。

固定液可按结构和极性分类：

① 按结构分类。

烃类：包括烷烃和芳烃，是极性最弱的一类固定液，常用的烃类有角鲨烷、阿皮松、苄基联苯、聚苯基焦油等。

聚硅氧烷类：最常用的固定液，使用温度范围宽，热稳定性好，主要有SE-30、OV-101、OV-7、OV-17、QF-1、XE-60等。

醇类：属于氢键型固定液，常用的是PEG-20M，它是药物分析中最常用的固定液。

酯类：中强极性固定液，分为非聚酯与聚酯两种，如DNP、DEGS等。

② 按极性分类。按1959年Rohrschneider提出的用相对极性（P）来表征固定液的分离特性，规定强极性固定液β,β'-氧二丙腈的相对极性为100，非极性固定液角鲨烷的相对极性为0，其他固定液的相对极性为0～100。

根据相对极性P的数值大小，可将固定液分为5级，1～20为+1级，21～40为+2级，依次类推。0和+1级为非极性固定液，+2和+3级为中等极性固定液，+4和+5级为极性固定液。常用固定液的参数见表7-1。

表7-1 常用固定液的参数

名称	商品名称	麦氏常数	相对极性	极性级别
角鲨烷	SQ	0	0	0
甲基聚硅氧烷	SE-30、OV-101	217、229	13	+1
苯基(20%)甲基聚硅氧烷	OV-7	592	20	+2
苯基(50%)甲基聚硅氧烷	OV-17	884	25	+2
邻苯二甲酸二壬酯	DNP	803	25	+2
聚三氟丙基苯基甲基聚硅氧烷	QF-1	1500	28	+2
β-氰乙基(25%)甲基硅氧烷	XE-60	1785	52	+3
聚乙二醇-20000	PEG-20M	2308	68	+3
聚丁二酸乙二醇酯	DEGS	3504	80	+5
β,β'-氧二丙腈			100	+5

(3) 固定液的选择。选择固定液的要求就是使难分离的物质达到完全分离，应针对具体的分析对象选择固定液，目前尚无严格的标准，其基本规律如下：

① 分离非极性组分，一般选择非极性固定液，如SE-30。组分与固定液分

子之间的作用力主要是色散力,组分按沸点高低的顺序出柱,低沸点的先出,高沸点的后出。当沸点相同时,极性强者先出。

②分离中等极性组分,一般选择中等极性固定液,如OV-17。分子间的作用力主要是诱导力和色散力。一般按沸点高低的顺序出柱,但对沸点相近的组分,相对极性小的组分先出,相对极性大的组分后出。

③分离强极性组分,选用强极性固定液,如DEGS。样品组分按极性大小的顺序出柱,非极性组分与弱极性组分先出柱,极性组分后出柱。

④对于能形成氢键的组分,可选用氢键型固定液,如PEG-20M。形成氢键能力弱的先出柱,形成氢键能力强的后出柱。

⑤分离具有酸性或碱性的极性物质,可选用强极性固定液并加酸性或碱性添加剂。

(二)毛细管柱

填充柱气相色谱的涡流扩散较严重,传质阻力大,柱效低。1957年,美国工程师Golay将固定液直接涂在细而长的毛细管内壁上用于色谱分离,发明了空心毛细管柱,又称为开管柱。气相色谱毛细管柱因其高分离能力、高灵敏度、高分析速度等优点而得到迅速发展。1979年,弹性熔融毛细管柱问世,开创了毛细管色谱的新纪元。随着石英交联毛细管柱技术的日益成熟,毛细管柱气相色谱已成为分离分析复杂多组分混合物的主要手段,在各领域应用中大有取代填充柱气相色谱的趋势。目前,新型气相色谱仪、气相色谱-质谱联用仪大多采用毛细管色谱柱进行分离分析。

1. 毛细管色谱柱的类型

毛细管色谱柱的内径一般小于1 mm,可分为填充型毛细管柱和开管型毛细管柱两大类。

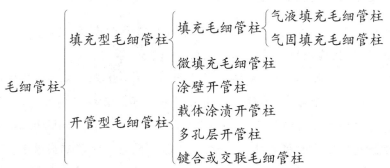

2. 毛细管色谱柱的特点

毛细管色谱柱与经典的填充柱相比有以下特点:

(1)柱渗透性好。开管型毛细管柱对载气的阻力很小,使用时可选择长度较长和内径较小的毛细管柱,采用较高的载气速度,这样有利于分离复杂试样。

(2)柱效高。毛细管柱的液膜薄、传质阻力小、开管柱无涡流扩散影响,柱长可增加,总柱效高。

(3)柱容量小。毛细管柱内径小,固定液液膜薄,柱容量小,因此,最大允许进样量很小,常采用分流进样,且要求检测器有更高的灵敏度。

(4)利于实现气相色谱-质谱联用。毛细管柱流量小,较易维持质谱仪离子源的高真空,经分流后可直接插入质谱离子源。

二、气相色谱检测器

检测器是气相色谱仪的重要组成部分,其作用是将流出色谱柱的载气中各组分浓度或量的变化转变为可测的电信号。

(一)检测器的分类

气相色谱检测器种类较多,其原理和结构各异。

(1)按对组分检测的选择性,检测器可分为通用型检测器和专属型(或选择性)检测器。热导检测器属于通用型检测器;氢火焰离子化检测器、电子捕获检测器、火焰光度检测器等属于专属型检测器。

(2)按检测方式,检测器可分为浓度型检测器和质量型检测器。浓度型检测器(如热导检测器、电子捕获检测器等)的响应值与流动相中组分的浓度成正比,当进样量一定时,瞬间响应值(峰高)与流动相流速无关,而积分响应值(峰面积)与流动相流速成反比。质量型检测器(如氢火焰离子化检测器、火焰光度检测器等)的响应值与单位时间内进入检测器的组分质量成正比,因此,其瞬间响应值(峰高)与流动相流速成正比,而积分响应值(峰面积)与流速无关。

(二)检测器的主要性能指标

气相色谱分离效率高,出峰速度快,要求检测器灵敏度高、选择性好、线性范围宽、稳定性好且响应快。其具体性能指标如下:

(1)噪声和漂移(N 和 d)。无样品通过检测器时,由仪器本身和工作条件所造成的基线起伏称为噪声,单位一般用 mV 来表示。无样品通过检测器时,单位时间内基线向单方向缓慢变化的幅值,称为漂移,单位为 mV/h。噪声和漂移可用于衡量检测器的稳定性,良好的检测器其噪声与漂移都应很小。

(2)灵敏度(S)。灵敏度又称响应值或应答值,为响应信号变化(R)与通过检测器的物质量变化(Q)之比:

$$S = \frac{\Delta R}{\Delta Q} \tag{7-1}$$

(3)检出限(D)。检出限又称敏感度,是以检测器恰能产生 2 倍噪声信号(也有用 3 倍的)时,单位时间内载气引入检测器的组分质量(g/s)或单位体积载气中所含组分的量(mg/mL)。由于含量低于此限的组分的色谱峰将被淹没在噪声中,因此,无法检出。检出限的计算公式为:

$$D = \frac{2N}{S} \tag{7-2}$$

(4)线性范围。检测器的线性是指检测器内流动相中组分浓度(或质量)与响应信号成正比关系。线性范围指检测器的响应信号强度与待测物质浓度(或质量)之间呈线性关系的范围,用最大进样量与最小进样量表示。线性范围与定量分析的准确度密切相关。

(三)热导检测器

热导检测器(thermal conductivity detector,TCD)基于待测组分与载气的热导率差异来检测组分浓度的变化,具有构造简单、测定范围广、热稳定性好、线性范围宽、样品不被破坏等优点,是一种通用型检测器,但其灵敏度较低。热导检测器主要用于溶剂、一般气体和惰性气体的测定,如工业过程中气体的分析、药物中微量水分的分析等。

1. 结构与原理

(1)热导池结构。热导检测器的信号检测部分为热导池,由池体和热敏元件构成。热敏元件常用钨丝或铼钨丝等制成,其电阻随温度升高而增大,并且具有较大的电阻温度系数。热导池可分为双臂热导池和四臂热导池,结构如图 7-2 所示。

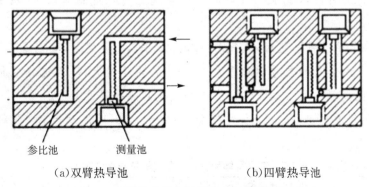

(a)双臂热导池　　　　　　　　(b)四臂热导池

图 7-2　双臂热导池与四臂热导池结构示意图

(2)热导检测器工作原理。如图 7-3 所示,当以恒定的速度向热导池通入载气,并以恒定的电压给热导丝的钨丝加热时,钨丝温度升高,所产生的热量被载气带走,并以热导方式传给池体。当热量的产生与散失建立动态平衡时,钨丝的温度恒定,电阻值也恒定。若参比臂和测量臂均只通载气,则两个热导池钨丝的温度相等,即 $R_参=R_测$。根据惠斯通电桥原理,当 $R_1/R_2=R_参/R_测$ 时,电桥处于平衡状态,检流计指针停在零点,无信号,走基线。

当某组分被载气带入测量臂时,若该组分与载气的热导率不相等,则测量臂的热动平衡被破坏,钨丝的温度改变,电阻 $R_测$ 也改变,而 $R_参$ 未变,$R_参≠R_测$,故 $R_1/R_2≠R_参/R_测$,检流计偏转,将此微小电信号放大即为检测信号。由于检测信号的大小取决于组分与载气的热导率之差以及组分在载气中的浓度,因此,在载气与组分一定时,峰高或峰面积可用于定量分析。

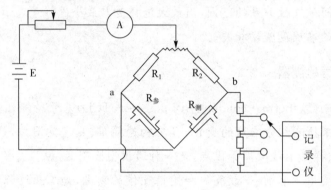

图 7-3　双臂热导池检测原理示意图

2. 使用注意事项

(1)热导检测器为浓度型检测器,当进样量一定时,峰面积与载气流速成反比,峰高受流速影响较小,所以,在用峰面积定量时,须严格保持流速恒定。

(2)热导检测器的灵敏度与桥电流的 3 次方成正比,但增大桥电流的同时,也会增大噪声并降低钨丝的寿命,所以,在满足灵敏度的需求下,应采用低桥电流原则。

(3)在其他条件一定时,载气与组分热传导率之差越大,检测器的灵敏度就越高。氢气和氦气的热导率比有机化合物的热导率大得多,选择它们作载气有利于提高灵敏度。常见气体和有机物蒸气的热导率见表 7-2。

(4)热导池检测器对温度变化非常敏感,检测器温度升高,灵敏度将明显降低。

表 7-2　常见气体和有机物蒸气的热导率(100 ℃)

物质	热导率/[×10^{-5} J/(cm·s·℃)]	物质	热导率/[×10^{-5} J(cm·s·℃)]
氢气	224.3	甲烷	45.8
氦气	175.6	丙烷	26.4
氮气	31.5	乙醇	22.3
空气	31.5	丙酮	17.6

(四)氢火焰离子化检测器

氢火焰离子化检测器(flame ionization detector,FID)是基于碳氢化合物在氢火焰作用下化学电离形成离子流而实现检测的,具有灵敏度高、响应快、线性范围宽等优点,是目前气相色谱中最常用的检测器之一。但是,作为专属型检测器,氢火焰离子化检测器一般只能测定含碳有机化合物,且检测时试样会被破坏。

1. 结构与原理

(1)氢火焰离子化检测器结构。氢火焰离子化检测器一般用不锈钢制成,其结构如图 7-4 所示,主要由火焰喷嘴、收集极、发射极(极化极)、点火装置及气体引入孔道组成。点火装置可以是独立的,如用点火线圈,也可以利用发射极作点火极,实际应用时只需将点火极或发射极加热至发红,即可将氢气引燃。在收集极和发射极之间加有 150～300 V 的极化电压。

氢气燃烧产生灼热的火焰。火焰喷嘴是一段内径为 0.5～0.6 mm 的管子,要求能耐高温、化学稳定性好、热噪声小,常用材料为铂、石英或高频陶瓷。用喷嘴或引管作为发射极。收集极的形状可以是平板、丝状、圆筒、盘状等,其中筒状效果最好。收集极的材料选用铂、镍和不锈钢等。

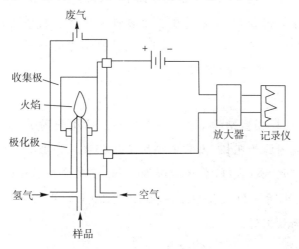

图 7-4　氢火焰离子化检测器结构示意图

(2)氢火焰离子化检测器工作原理。由载气携带的样品气体进入检测器后,在氢火焰中燃烧分解,并与火焰外层的氧气进行化学反应,产生正负电性的离子和电子。离子和电子在收集极和发射极之间的电场作用下定向运动而形成电流。电流的大小与进入离子室组分的含量有关,可反映待测组分浓度的高低。

2. 使用注意事项

(1) FID 需使用 3 种气体：氮气、氢气和空气。其中，氮气作载气，氢气作燃气，空气作助燃气。气体流量对监测器灵敏度有影响。通常氢气与氮气流量比为 1∶1~1.5∶1，空气流量是氢气的 10 倍以上。

(2) FID 为质量型监测器，峰面积取决于单位时间内进入检测器组分的质量。进样量一定时，峰高与载气流速成正比。用峰高定量时，需保持载气流速恒定，而用峰面积定量与载气流速无关，所以，一般采用峰面积定量。

(3) 毛细管气相色谱分析用氢火焰离子化检测器时，一般要加尾吹气。所谓尾吹气，是指从柱出口处直接进入检测器的一路气体，又叫补充气或辅助气。由于毛细管柱载气流速低，进入检测器后发生突然减速，会引起色谱峰展宽，因此，在色谱柱出口加一个辅助尾吹气，以加速样品通过检测器。加尾吹气可减少柱后死体积对色谱峰造成的扩散，提高检测的灵敏度。

(五) 电子捕获检测器

电子捕获检测器 (electron capture detector, ECD) 是一种用 ^{63}Ni 或 ^{3}H 作放射源的离子化检测器，主要用于检测含强电负性元素的化合物，如含卤素、硝基、羰基、氰基等的化合物，是分析痕量电负性有机化合物最有效的检测器，常用于有机氯农药残留量测定研究。但是，这种检测器的线性范围窄，响应易受操作条件的影响，分析的重现性差。

1. 结构与原理

(1) 电子捕获检测器结构。电子捕获检测器结构如图 7-5 所示。检测器池体内的筒状 β 放射源为阴极，内腔中央的不锈钢棒为阳极，两极之间施加直流或脉冲电压。可用 ^{63}Ni 或 ^{3}H 作为放射源，^{63}Ni 可在较高温度 (300~400 ℃) 下使用，半衰期为 85 年；^{3}H 的使用温度较低 (<190 ℃)，半衰期为 12.5 年，所以，一般用 ^{63}Ni 作为放射源。

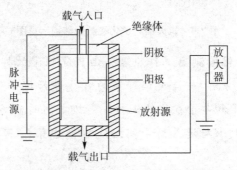

图 7-5 电子捕获检测器结构示意图

(2)电子捕获检测器工作原理。在放射源的作用下,载气(N_2或Ar)发生电离,产生正离子和低能量电子。

$$N_2(Ar) \longrightarrow N_2^+(A_r^+) + e^-$$

在电场的作用下,正离子和电子分别向两极移动,产生$10^{-9} \sim 10^{-8}$ A 的基始电流(基流),也称背景电流(I_0),在色谱仪的记录器上显示为一条平直的基线。含强电负性元素的物质(AB)进入检测器后,就能捕获这些低能量的电子,产生带负电荷的离子并释放出能量。

$$AB + e^- \longrightarrow AB^- + E$$
$$AB^- + N_2^+ \longrightarrow AB + N_2$$

生成的负离子又与载气正离子碰撞生成中性化合物,使基流下降,在记录器上形成倒峰,经放大器放大、极性转换,输出正峰信号,如图7-6所示。信号大小与进入检测器的组分浓度成正比,所以,电子捕获检测器是浓度型检测器。

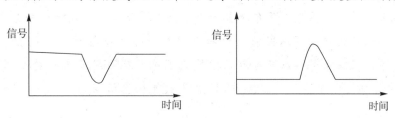

图 7-6　色谱峰极性转换示意图

2.使用注意事项

(1)应使用高纯氮(纯度高于99.99%)作为载气。若载气中含有O_2、H_2O及其他电负性杂质,则会捕捉电子,造成基流下降,使检测灵敏度降低,长期使用将严重污染检测器。

(2)载气流速对基流和响应信号也有影响,一般载气流速设定为40~100 mL/mim。

(3)检测器中含有放射源,使用时应注意安全,不可随意拆卸,尾气要求排放到室外。

(六)其他检测器

除上述检测器外,气相色谱法中还用到氮磷检测器、火焰光度检测器、质谱检测器等。

氮磷检测器(nitrogen phosphorus detector,NPD)又称热离子检测器,属于质量型检测器,是测定含氮、磷化合物的专属型检测器,具有灵敏度高、选择性高、线性范围宽的特点,已广泛用于农药、石油、食品、药物等领域。

火焰光度检测器(flame photometric detector，FPD)又称硫磷检测器，是一种对含硫、磷化合物具有高选择性和高灵敏度的检测器，主要用于检测大气中痕量硫化物、水中或农副产品及中药材中有机磷农药残留。

三、气相色谱辅助系统

气相色谱辅助系统包括气路系统、进样系统、温度控制系统和数据记录及处理系统。

(一)气路系统

气路系统包括载气及其他气体(如燃气和助燃气)流动的管路和净化、控制、测量元件。气路系统可分为单柱单气路系统和双柱双气路系统两类。单柱单气路系统包括一个进样口和一路载气，一般只能安装一根色谱柱，可进行简单样品的分析。双柱双气路系统具有两个进样口(填充柱进样口和分流/不分流毛细管柱进样口)，可以安装一根填充柱和一根毛细管柱，且可同时安装两个检测器。双柱双气路系统可以补偿气流不稳定及固定液流失对检测器产生的干扰，特别适合于程序升温操作，目前多数气相色谱仪的气路系统属于这种类型。

载气的纯度、流速和稳定性影响色谱柱效、检测器灵敏度及仪器稳定性。作为载气的气体要求化学稳定性好、纯度高、价格便宜且易取得，能适合于所用的检测器。常用的载气有氢气、氮气、氦气和氩气等。

(二)进样系统

进样系统包括进样装置、气化室及加热系统。其作用是在样品进入气化室的瞬间将其气化，使其被载气带入色谱柱进而分离。常见的进样装置有阀进样器、隔膜进样器、分流(或不分流)进样器和顶空进样器。阀进样器在高效液相色谱法部分介绍，在此不再赘述。

1. 隔膜进样器

隔膜进样器是一种常用的填充柱进样口，提供一个样品气化室。液体样品通过气化室转化为气体后被载气带入色谱柱。气化室的一端连接色谱柱，气化室的另一端有一个硅橡胶隔膜。注射器穿透隔膜将样品注入气化室。这种隔膜进样器的结构如图7-7所示。

进样口的隔膜一般为硅橡胶，其作用是防止进样后漏气。硅橡胶在多次使用后会失去作用，应经常更换。

2. 分流(或不分流)进样器

(1) 分流进样器。由于毛细管柱样品容量在纳升级,直接导入如此微量样品很困难,因此,通常采用分流进样器,其结构如图7-8所示。进入气化室的载气与样品混合后只有一小部分进入毛细管柱,大部分从分流气出口排出,进柱的试样组分的物质的量与放空的试样组分的物质的量之比称为分流比。分流比可通过调节分流气出口流量来确定,常规毛细管柱的分流比为1:20～1:500。

分流是为了适应微量进样,避免进样量过大导致毛细管超载。分流进样的另一个更重要的作用是:气化室中载气流量大,速度快,被气化了的样品在气化室停留时间短,很快进入柱中,同时气化室能得到迅速冲洗,可避免非瞬间进样而引起的谱带扩展。

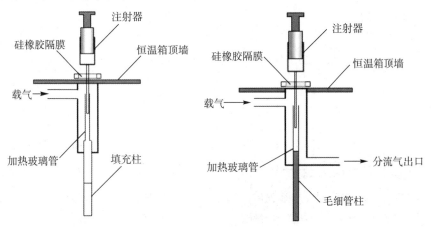

图7-7 隔膜进样器示意图　　图7-8 分流进样器示意图

(2) 不分流进样器。进样时试样不分流,当大部分试样进入色谱柱后,打开分流阀对试样进行吹扫,使所有的试样都进入色谱柱分离。不分流进样方式特别适用于痕量分析。

毛细管气相色谱仪与填充柱气相色谱仪相比,主要差别在于柱前安装一个分流(或不分流)进样器,柱后装有尾吹气路,增加辅助尾气,使试样加速通过检测器,减少峰的扩张,并使局部浓度增大,提高检测的灵敏度。

3. 顶空进样器

顶空气相色谱分析是指取样品基质(液体或固体)上方的气相部分进行气相色谱分析。它是在热力学平衡的蒸气相与被分析样品共存的密闭系统中进行的。顶空进样是气相色谱特有的进样方式,适用于液体或固体中的挥发性成分的气相色谱分析。该技术有静态顶空和动态顶空两种,适合于环境分析(如水中有机污染物分析)、食品分析(如气味分析)及固体材料中的可挥发性有机物分析等。

静态顶空进样系统如图 7-9 所示。静态顶空气相色谱法是在一个密闭的恒温体系中,气液或气固达到平衡时,用气相色谱分析蒸气相中的待测成分。蒸气相中的待测组分浓度与供试样溶液中待测组分浓度成正比,从而达到对待测组分进行定量分析的目的。动态顶空进样系统如图 7-10 所示,动态顶空进样也称吹扫-捕集(purge-trap)进样。动态顶空气相色谱法是将惰性气体通入液体样品(或固体表面),把要分析的组分吹扫出来,使之通过一个吸附装置进行富集,然后再将样品解吸进入气相色谱仪进行分析。

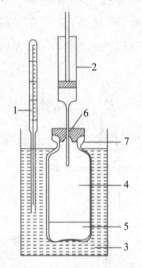
1—温度计;2—注射器;3—恒温浴;
4—容器;5—样品;6—隔膜;7—螺帽
图 7-9 静态顶空进样系统示意图

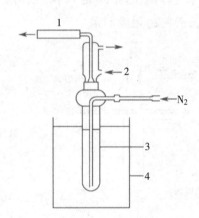
1—捕集管;2—冷却水;
3—样品管;4—水浴
图 7-10 动态顶空进样系统示意图

顶空进样法使待测物挥发后进样,可免去样品萃取、收集等步骤,还可以避免供试品种非挥发性组分对色谱柱的污染,但要求待测物具有足够的挥发性。

(三)温度控制系统

温度控制系统用来设定、控制和测量色谱柱箱、气化室和检测器的温度。色谱柱箱可连续调节温度(30~500 ℃),可任意给定温度、保持温度,也可按一定的速率程序升温。气化室温度应使试样瞬间气化而不分解,一般情况下,气化室温度比柱温高 30~50 ℃。除氢焰离子化检测器外,所有检测器对温度变化都较敏感,温度控制的精度将直接影响检测器的灵敏度和稳定性,所以,检测器的温度控制精度要在±0.1 ℃以内。

(四)数据记录及处理系统

数据记录及处理系统由记录仪、积分仪、色谱工作站组成,可对检测器输出的模拟信号进行采集、转换、计算,给出色谱图、色谱数据及定性定量结果。现代气相色谱仪应用计算机和相应的色谱软件或色谱工作站,具有色谱操作条件的选择、控制、优化、智能化等功能。

第2节 苯、甲苯、正丙醇的相对质量校正因子测定

【目的】

采用定性分析方法测定苯、甲苯、正丙醇的相对质量校正因子。

【相关知识】

一、色谱流出曲线及有关术语

(一)色谱流出曲线和色谱峰

以检测器输出的电信号强度对时间作图,所得曲线称为色谱流出曲线。曲线上突起部分就是色谱峰。如果进样量很小,浓度很低,在吸附等温线(气固吸附色谱)或分配等温线(气液分配色谱)的线性范围内,色谱峰是对称的。

(二)基线

在实验操作条件下,色谱柱中没有样品组分,仅有流动相通过检测系统所产生的信号曲线,称为基线,反映仪器的噪声随时间变化的情况。稳定的基线应该是一条水平直线。基线噪声和基线漂移是反映基线波动的指标。

(三)峰高与峰面积

色谱峰顶点与基线之间的垂直距离称为峰高,用 h 表示。峰面积(A)是指组分的流出曲线与基线所包围的面积。峰高或峰面积的大小与各个组分在待测试样中的含量有关,是色谱法进行定量分析的主要依据。

(四)保留值

1. 死时间 t_0

不被固定相吸附或溶解的物质进入色谱柱时,从进样到出现峰极大值所需的时间称为死时间,它正比于色谱柱的空隙体积。因为这种物质不被固定相吸附或溶解,故其

流动速度与流动相的流动速度相近。流动相平均线速$\bar{u}$可用柱长L与t_0的比值表示，即

$$\bar{u} = L/t_0 \tag{7-3}$$

2. 保留时间 t_R

试样从进样到柱后出现峰极大值所经过的时间称为保留时间。由于组分在色谱柱中的保留时间t_R包含了组分随流动相通过柱子所需的时间和组分在固定相中滞留的时间，因此，t_R实际上是组分在固定相中保留的总时间。

3. 调整保留时间 t_R'

某组分的保留时间扣除死时间后，称为该组分的调整保留时间，即

$$t_R' = t_R - t_0 \tag{7-4}$$

4. 死体积 V_0

保留时间是色谱法定性的基本依据，但同一组分的保留时间常受到流动相流速的影响，因此，色谱工作者有时用保留体积表示保留值。

色谱柱在填充后，柱管内固定相颗粒间所剩留的空间、色谱仪中管路和连接头间的空间以及检测器空间的总和，称为死体积。当后两者很小，可忽略不计时，死体积可由死时间与色谱柱出口的载气流速F_∞（cm^3/min）计算。

$$V_0 = t_0 F_\infty \tag{7-5}$$

式中，F_∞为扣除饱和水蒸气压并经温度校正的流速。该公式仅适用于气相色谱，不适用于液相色谱。

5. 保留体积 V_R

从进样开始到待测组分在柱后出现浓度极大点时所通过的流动相的体积，称为保留体积。保留时间与保留体积的关系为：

$$V_R = t_R F_\infty \tag{7-6}$$

6. 调整保留体积 V_R'

某组分的保留体积扣除死体积后，称为该组分的调整保留体积。

$$V_R' = V_R - V_0 = (t_R - t_0)F_\infty = t_R' F_\infty \tag{7-7}$$

7. 相对保留值 $r_{2,1}$

某组分2的调整保留值与组分1的调整保留值之比，称为相对保留值。

$$r_{2,1} = t_{R2}'/t_{R1}' = V_{R2}'/V_{R1}' \tag{7-8}$$

由于相对保留值只与柱温及固定相性质有关，而与柱径、柱长、填充情况及流动相流速无关，因此，它在色谱法中，特别是在气相色谱法中，广泛用作定性的依据。在定性分析中，通常固定一个色谱峰作为标准（s），然后求其他峰（x）对这个峰的相对保留值，此时可用符号α表示，即

$$\alpha = t'_{Rx} / t'_{Rs} \qquad (7-9)$$

式中，t'_{Rx} 为后出峰的调整保留时间，所以，α 总是大于 1 的。相对保留值往往可作为衡量固定相选择性的指标，又称选择因子。

(五) 区域宽度

色谱峰的区域宽度是色谱流出曲线的重要参数之一，用于衡量柱效率及反映色谱操作条件的动力学因素。表示色谱峰区域宽度通常有三种方法。

(1) 标准偏差 σ，即 0.607 倍峰高处色谱峰宽的一半。

(2) 半峰宽 $W_{1/2}$，即峰高一半处对应的峰宽。它与标准偏差的关系为：

$$W_{1/2} = 2.354\sigma \qquad (7-10)$$

(3) 峰宽 W，即色谱峰两侧拐点上的切线与基线相交两点间的距离。它与标准偏差 σ 的关系为：

$$W = 4\sigma \qquad (7-11)$$

从色谱流出曲线中可得到许多重要信息，如图 7-11 所示。

① 根据色谱峰的个数，可以判断样品中所含组分的最少个数。

② 根据色谱峰的保留值，可以进行定性分析。

③ 根据色谱峰的面积或峰高，可以进行定量分析。

④ 色谱峰的保留值及其区域宽度，是评价色谱柱分离效能的依据。

⑤ 色谱峰两峰间的距离，是评价固定相（或流动相）选择是否合适的依据。

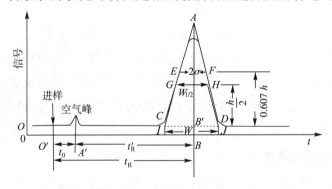

图 7-11 色谱流出曲线

色谱分析的目的是将样品中各组分分离。组分要达到完全分离，两峰间的距离必须足够远。两峰间的距离是由组分在两相间的分配系数决定的，与色谱过程的热力学性质有关。

二、色谱定性和定量分析

(一) 定性分析

色谱定性分析就是要确定各色谱峰所代表的物质。由于各种物质在一定的色谱条件下均有确定的保留值,因此,保留值可作为一种定性指标。目前,各种色谱定性方法都是基于保留值的。但是,在同一色谱条件下,不同物质可能具有相似或相同的保留值,即保留值并非专属。因此,仅根据保留值对一个完全未知的样品进行定性分析是困难的。如果在了解样品的来源、性质、分析目的的基础上,先对样品组成进行初步判断,再结合下列分析方法,就可确定色谱峰所代表的化合物。

1. 纯物质对照法

在一定的色谱条件下,一个未知物只有一个确定的保留时间。因此,将已知纯物质在相同的色谱条件下的保留时间与未知物的保留时间进行比较,就可以定性鉴定未知物。若两者相同,则未知物可能是已知的纯物质;若两者不同,则未知物就不是该纯物质。纯物质对照法定性只适用于组分性质已有所了解,组成比较简单,且有纯物质的未知物。

2. 相对保留值法

相对保留值 α_{is} 是指组分 i 与标准物质 s 调整保留值的比值,计算公式如下:

$$\alpha_{is} = t'_{Ri}/t'_{Rs} = V'_{Ri}/V'_{Rs} \tag{7-12}$$

相对保留值仅随固定液及柱温变化而变化,与其他操作条件无关。

相对保留值的测定方法:在某一固定相及柱温条件下,分别测出组分 i 和标准物质 s 的调整保留值,再按式(7-12)计算即可。用求出的相对保留值与文献值比较即可定性。通常选容易得到纯品,而且与待分析组分相近的物质作标准物质,如正丁烷、环己烷、正戊烷、苯、对二甲苯、环己醇、环己酮等。

3. 加入已知物增加峰高法

未知样品中组分较多,所得色谱峰过密,用上述方法不易辨认时,或仅做未知样品指定项目分析时,均可用此法。首先作出未知样品的色谱图,然后在未知样品中加入某已知物,又得到一个色谱图。峰高增加的组分即可能是这种已知物。

4. 保留指数定性法

保留指数又称为柯瓦(Kováts)指数,用于表示物质在固定液上的保留行为,是目前使用最广泛并被国际上公认的定性指标,具有重现性好、标准统一及温度系数小等优点。

保留指数也是一种相对保留值,它是把正构烷烃中某两个组分的调整保留值的对数作为相对的尺度,并假定正构烷烃的保留指数为 $n \times 100$。待测物的保留指数值可用内插法计算。例如,若确定物质 x 在某固定液 Y 上的保留指数 I_{xY} 的数值,则先选取两个正构烷烃作为标准物质,其中一个的碳数为 Z,另一个碳数为 Z+1,它们的调整保留时间分别为 $t'_{R(Z)}$ 和 $t'_{R(Z+1)}$,使待测物质 i 的调整保留时间 $t'_{R(x)}$ 恰好介于两者之间,即 $t'_{R(Z)} < t'_{R(x)} < t'_{R(Z+1)}$。将含物质 x 和所选的两个正构烷烃的混合物注入固定液为 Y 的色谱柱,在一定温度条件下绘制色谱图。大量实验数据表明,化合物调整保留时间的对数值与其保留指数呈线性关系。据此,可用内插法求算 I_{xY}。

$$I_{xY} = 100[Z + (\lg t'_{R(x)} - \lg t'_{R(Z)})/(\lg t'_{R(Z+1)} - \lg t'_{R(Z)})] \tag{7-13}$$

保留指数的物理意义在于:它是与待测物质具有相同调整保留时间的假想的正构烷烃的碳数乘以 100。保留指数仅与固定相的性质、柱温有关,与其他实验条件无关,因此该方法的准确度和重现性都很好。只要柱温与固定相相同,就可结合文献值进行鉴定,而不必用纯物质作对照。

(二)定量分析

定量分析的任务是求出混合样品中各组分的百分含量。色谱定量的依据是:当操作条件一致时,待测组分的质量(或浓度)与检测器给出的响应信号成正比。

$$\omega_i = f_x \cdot A_x \tag{7-14}$$

式中,ω_x 为待测组分 x 的质量;A_x 为待测组分 x 的峰面积;f_x 为待测组分 x 的校正因子。可见,进行色谱定量分析时需要:

①准确测量检测器的响应信号——峰面积或峰高。
②准确求得比例常数——校正因子。
③选择合适的定量计算方法,将测得的峰面积或峰高换算为组分的百分含量。

1. 峰面积测量方法

峰面积是色谱图提供的基本定量数据,峰面积测量的准确与否直接影响定量结果。对于不同峰形的色谱峰,采用不同的测量方法。

(1)对称形色谱峰峰面积的测量:高乘以半峰宽法。

$$A = 1.065 \times h \times W_{1/2} \tag{7-15}$$

(2)不对称形色谱峰峰面积的测量:峰高乘以平均峰宽法。如仍用峰高乘以半峰宽,误差就较大。

$$A = \frac{1}{2} \cdot h \cdot (W_{0.15} + W_{0.85}) \tag{7-16}$$

式中,$W_{0.15}$ 和 $W_{0.85}$ 分别为 0.15 倍峰高和 0.85 倍峰高处的峰宽。

2. 定量校正因子

色谱定量分析的依据是待测组分的量与其峰面积成正比。但是,峰面积的大小不仅与组分的质量有关,还与组分的性质有关。即当两个质量相同的不同组分在相同条件下使用同一检测器进行测定时,所得的峰面积不一定相同。因此,混合物中某一组分的百分含量并不等于该组分的峰面积在各组分峰面积总和中所占的百分率。这样,就不能直接利用峰面积计算物质的含量。为了使峰面积能真实反映物质的质量,就要对峰面积进行校正,即在定量计算时引入校正因子。校正因子分为绝对校正因子和相对校正因子。

(1)绝对校正因子 f_x。

$$f_x = m_x / A_x \tag{7-17}$$

f_x 值与组分 x 质量绝对值成正比,所以,称为绝对校正因子。在定量分析时,要精确求出 f_x 值是比较困难的:一方面,精确测量绝对进样量很困难;另一方面,峰面积与色谱条件有关,要保持测定 f_x 值时的色谱条件相同,既不可能,也不方便。另外,即便能够得到准确的 f_x 值,没有统一的标准也无法直接应用。为此,提出相对校正因子的概念,来解决色谱定量分析中的计算问题。

(2)相对校正因子 f_x'。

$$f_x' = f_x / f_s \tag{7-18}$$

即某组分 x 的相对校正因子 f_x' 为组分 x 与标准物质 s 的绝对校正因子之比。

$$f_x' = \frac{m_x / A_x}{m_s / A_s} = \frac{m_x}{m_s} \cdot \frac{A_s}{A_x} \tag{7-19}$$

可见,当组分 x 的质量与标准物质 s 相等时,相对校正因子 f_x' 就是标准物质的峰面积与组分 x 峰面积的比值。若某组分质量为 m_x、峰面积为 A_x,则 $f_x' A_x$ 的数值与质量为 m_x 的标准物质的峰面积相等。也就是说,通过相对校正因子可以把各个组分的峰面积分别换算成与其质量相等的标准物质的峰面积,于是比较标准就统一了。这就是归一法求算各组分百分含量的基础。

①相对校正因子的表示方法。上面介绍的相对校正因子中组分和标准物质都是用质量表示的,故又称为相对质量校正因子。若以摩尔为单位表示,则称为相对摩尔校正因子。另外,相对校正因子的倒数还可定义为相对响应值 S'(分别为相对质量响应值 S_w' 和相对摩尔响应值 S_N')。通常所指的校正因子都是相对校正因子。

②相对校正因子的测定方法。相对校正因子只与待测物和标准物质以及检测器的类型有关,而与操作条件无关。因此,f_x' 可自文献中查出引用。若文献中查不到所需的 f_x',则可以自己测定。常用的标准物质如下:热导检测器(TCD)常用苯,氢焰检测器(FID)常用正庚烷。

测定相对校正因子最好用色谱纯试剂。若无色谱纯试剂,使用溶剂的纯度级别不得低于分析纯。测定时,首先准确称量标准物质和待测物,然后将它们混合均匀,进样,测得峰面积后再进行计算。

【仪器与试剂】

1. 仪器
GC7890 气相色谱仪、SE-54 毛细管柱、1 μL 微量进样器和容量瓶等。

2. 试剂
苯(分析纯)、甲苯(分析纯)和正丙醇(分析纯)等。

【内容与步骤】

(1) 按要求设置好操作条件,开机运行(注意:先通气,后通电,先关电,后关气),观察基线,基线稳定后操作。

(2) 准确称取苯 2.4380 g、甲苯 2.4380 g、正丙醇 2.4380 g,置于 10 mL 容量瓶中混匀,此溶液中苯、甲苯、正丙醇的质量比为 1∶1∶1。

(3) 测定。

① 用 1 μL 微量进样器吸取 0.04 μL 标准混合液进样(进样要点:插入快,注入快,拔出快),等待流出色谱图。

② 用 1 μL 微量进样器吸取 0.02 μL 苯进样,等待流出色谱图。

③ 用 1 μL 微量进样器吸取 0.02 μL 甲苯进样,等待流出色谱图。

④ 用 1 μL 微量进样器吸取 0.02 μL 正丙醇进样,等待流出色谱图。

(4) 定性和定量分析。由以上得出的四张色谱图,根据纯物质保留时间,确定混合物色谱图上的各峰是何物质,完成定性分析。根据实验数据计算相对质量校正因子,完成定量分析。

【数据记录与处理】

根据标准混合物色谱图测算出相关数据,填入下表,并计算 $f'_{i/s}$。

组分	质量/g	峰面积 $A/(\mu V \cdot s)$	$f'_{i/s}$
苯(标准物质)	2.4380		
甲苯	2.4380		
正丙醇	2.4380		

计算公式如下:

$$f'_{苯/苯} = \frac{f_{苯}}{f_{苯}} = 1$$

$$f'_{甲苯/苯} = \frac{m_{甲苯} \times A_{苯}}{m_{苯} \times A_{甲苯}}$$

$$f'_{\text{正丙醇}/\text{苯}} = \frac{m_{\text{正丙醇}} \times A_{\text{苯}}}{m_{\text{苯}} \times A_{\text{正丙醇}}}$$

【注意事项】

(1)进样手法。双手拿注射器,用一只手(通常是左手)扶针插入垫片,注射大体积样品(气体样品)或柱前压力极高时,为防止从气相色谱仪进样器来的压力把注射器活塞弹出,应用右手大拇指按压活塞顶部;让针尖穿过垫片,尽可能深入进样口,压下注射器活塞并停留 0.5 s,然后尽可能快而稳地抽出针尖(抽出的同时继续压住注射器活塞)。

(2)进样时间。进样时间长短对柱效率影响很大,若进样时间过长,则使色谱区域加宽而降低柱效率。

思考题

1. 该实验采用何种方法进行定性分析?还可以用哪些方法进行定性分析?
2. 为什么进样时要做到"三快"?
3. $f'_{i/s}$ 与进样量有无关系?为什么?

知识链接

气相色谱分析条件的选择包括色谱柱、柱温、载气种类及流速、进样条件、气化温度及检测器等的选择,目的是提高组分间的分离选择性,提高柱效,满足分离要求。多数样品的分析可以通过查阅文献资料,在参考前人分析类似样品时采用条件的基础上优化分析条件,但分析条件的选择也有基本的原则和方法。

一、色谱柱的选择

气相色谱柱有填充柱或毛细管柱两大类。填充柱在实际分析工作中的应用普遍,目前我国很多国家标准、行业标准都采用填充柱。毛细管柱近年来发展极为迅速,它的高效分离能力使其能够广泛用于分析,是当今世界上分离、分析复杂化合物的重要工具。

(一)固定相的选择

1. 固定液

由于毛细管柱的柱效高,对于同一分析样品,没有必要采用与填充柱完全一样的固定液。例如,OV-17 和 QF-1 组成混合固定液的填充柱用于分析六六六和DDT的8个异构体,而用一根20多米的毛细管柱涂渍常用的非极性固定液SE-30,就很容易使8个异构体达到基本分离。毛细管柱减少了对固定液选择性的依赖,固定液对毛细管柱的作用不像填充柱显得那么重要,但特殊物质(如对映体)的分离除外。对于毛细管柱,很多样品的分析都可以在非极性固定液柱上完成。其中,应用最为广泛的固定液是SE-30和OV-101。

2. 载体及粒度

若组分的相对分子质量大、沸点高、极性强、固定液的用量少,则大多选择白色载体;反之,组分的相对分子质量小、沸点低、极性弱或非极性、固定液的用量多,则应选用红色载体。对于具有强极性、热和化学不稳定的物质,可采用玻璃载体。一般载体的粒度以柱径的1/25~1/20为宜。当填充柱内径为3~4 mm时,可选用60~80目或80~100目载体。

3. 固定液的含量

常以固定液与载体的质量比(液载比)表示固定液的含量,它决定固定液的液膜厚度,影响传质速率;同时,固定液含量的选择与分离组分的极性、沸点以及固定液的性质有关。低沸点的组分多采用高液载比的色谱柱,一般为20%~30%;高沸点的组分则多采用低液载比的色谱柱,一般为1%~10%。

(二)色谱柱柱长和内径的选择

1. 柱长

增加柱长能增加理论塔板数,有利于提高分离度。但柱长过长,峰变宽,色谱柱的阻力也随之增加,不利于分离。一般填充柱的柱长为0.5~4 m,而毛细管柱的柱长可达数十米,一般为20~50 m。只有当待测样品十分复杂时,才需选用50 m以上的毛细管柱。对于含30~40种组分的样品,用25~30 m柱长已能满足分析要求。对于难分离物质的分析,首先应选择适合的固定相,其次才是增加色谱柱的长度。

2. 柱内径

柱内径增大可增加柱容量、有效分离的试样量,但纵向扩散也会随之增加,导致柱效下降。柱内径小有利于提高柱效,但渗透性会随之下降,影响分析速度。对于一般的分离、分析,填充柱内径为3~6 mm,毛细管柱内径为0.2~0.5 mm。

柱内径越小,柱效越高,但随着柱内径减小,将产生一系列的问题,如要求仪器有更高的灵敏度,检测器有更小的死体积和更快的响应时间。随着柱内径减小,柱前压显著增加,可能会超出色谱仪所能承受的压力。所以,目前内径小于0.2 mm的超细柱应用不多。内径为0.2~0.25 mm的细口径柱具有较高的柱效,适合于分析复杂的或沸程较宽的样品,但必须分流进样,不能采用柱上进样。内径为 0.32 mm 的中口径柱在柱效或负荷量方面都居中等水平,可采用特制的进样器实现柱上进样,适合分析复杂样品。内径在 0.53 mm 以上的大口径毛细管柱样品负荷量可以达到填充柱的数量级,可以用一般的进样器实现柱上进样,适合分析不太复杂的样品。与填充柱相比,大口径毛细管柱具有更高的柱效。内径为 3~6 mm 的填充柱载样量较大,但柱效低于毛细管柱。

二、柱温的选择

柱温是影响色谱分离和分析效率的最重要参数,主要影响分配系数(K)、保留因子(k)、组分在流动相中的扩散系数(D_m)和组分在固定相中的扩散系数(D_s),从而影响分离度和分析时间。所以,要根据分析目的和待测物性质,如待测物的沸点、待测物极性、待测组分的含量,通过实验优化得到合适的柱温。

提高柱温可使组分挥发加快、分配系数减小,不利于分离。降低柱温可使传质阻力增大、峰形扩张,延长分析时间。所以,选择柱温的一般原则是在使难分离物质得到良好的分离、保证分析时间适宜且峰形不拖尾的前提下,尽可能采用较低的柱温。

无论是填充柱,还是毛细管柱,若样品沸程不宽,则应尽可能采用恒温操作。对于高沸点试样(300~400 ℃),柱温可比沸点低 100~150 ℃;对于沸点低于 300 ℃ 的试样,柱温可在比平均沸点低 50 ℃ 至平均沸点范围内。但对于宽沸程(混合物中高沸点组分与低沸点组分的沸点差称为沸程)的多组分样品,选择恒定柱温常不能兼顾不同沸点组分的分离,低沸点组分可因柱温太高、色谱峰出柱过快、峰窄而相互重叠,高沸点组分可因柱温太低、出柱慢、峰宽而平甚至不能洗脱出来,因此要采用程序升温法进行分离。所谓程序升温,是指柱温按预先设定的程序,随时间线性或非线性增加。这样,混合物中所有组分将在其最佳柱温下流出色谱柱,从而得到良好的分离效果。程序升温易产生基线漂移,采用双柱、双气路和双氢火焰检测系统可得到改善。

一般初始柱温比样品中最早流出组分的沸点低 30~50 ℃。毛细管柱常采用的升温速率为 0.5~5 ℃/min。终止温度主要根据最后流出组分的沸点和固定液的最高使用温度及对分析时间的要求而定。

图 7-12 所示为恒定柱温与程序升温对烷烃、卤代烃 9 个组分的混合物的分离效果比较。当恒定柱温为 45 ℃ 时,30 min 内只有 5 个组分流出色谱柱。当恒定柱温为 120 ℃ 时,因柱温升高,保留时间缩短,低沸点成分密集,分离度不佳。当采用程序升温时,各组分都能在适宜温度下实现分离。程序升温还能缩短分析周期,改善峰形,提高检测器灵敏度。

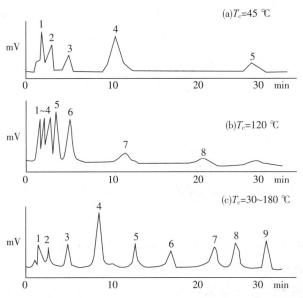

图 7-12 宽沸程混合物的恒定柱温与程序升温分离效果的比较

三、载气种类及流速的选择

选择载气主要从对柱效、分析速度和检测器灵敏度的影响等方面考虑。载气的扩散系数与其相对分子质量的平方根成正比。当载气流速较低时，分子扩散占主导地位，为提高柱效，宜选用相对分子质量较大的载气，如氮气。当流速高时，传质阻抗占主导地位，宜选用相对分子质量较小的载气，如氢气或氦气。相对分子质量较小的载气有利于提高线速，实现快速分析。对于较长的色谱柱，由于在柱上会产生较大的压力，因此，宜选用氢气作载气，其黏度较小，可降低柱压。

使用热导检测器时，选用热导率大的氢气或氦气作载气，能提高检测器的灵敏度；使用电子捕获检测器时，常用纯氮气或氩气作载气；使用氢火焰离子化检测器时，常用相对分子质量大的氮气作载气，其稳定性高，线性范围宽。

在实际工作中，为缩短分析时间，一般载气的线速度稍高于最佳线速度，此时虽使柱效略有降低，但影响不大，可节省分析时间。

四、其他条件的选择

1. 进样量

进样要求速度快，进样时间短，样品在载气中扩散时间短，有利于分离。当进样量在一定限度时，色谱的半峰宽是不变的。若进样量过多，则会造成色谱柱超载。进样量越大，色谱峰越宽，越影响分离。因此，只要检测器灵敏度足够高,进样量越小,越有利于分离。对于常规分析,液体进样量一般不超过10 μL,以0.1~2 μL为宜;气体进样量以0.5~3 mL为宜。

毛细管色谱分析有多种进样方法,分流比根据待测物质含量而定,但分流进样对定量精度会有影响,分流比越大,定量精度越差。

2. 气化温度

气化温度取决于样品的挥发性、沸点范围及进样量等因素。气化温度一般与样品沸点相当或稍高于沸点,以保证瞬间气化,但不可比沸点高出50 ℃以上,以防样品分解。对于一般色谱分析,气化温度比柱温高30~50 ℃即可。

3. 检测器

按照不同类型的样品组分选择相应的检测器,具体见本章第3节。

检测器温度一般需要高于柱温,以避免色谱柱流出物在检测器中冷凝,污染检测器。检测器温度一般比柱温高20~50 ℃,或等于气化温度。若检测器温度过高,热导检测器的灵敏度将降低。

第3节 气相色谱法测定苯系物

【目的】

应用气相色谱法测定混合苯系物样品。

【相关知识】

气相色谱法是利用试样中各组分在气相和液相间的分配系数不同,对混合物进行分离、分析的方法,特别适用于分析含量少的气体和易挥发的液体。气化后的试样被载气带入色谱柱后,组分就在两相间进行反复多次分配。由于固定相对各组分的吸附或溶解能力不同,因此,各组分在色谱柱中迁移的速度不同,经过一定的柱长后便彼此分离,按一定的顺序离开色谱柱进入检测器,从而得到各组分的色谱峰——流出曲线。在色谱条件一定时,任何一种物质都有确定的保留参数,如保留时间、保留体积及相对保留值等。因此,在相同的色谱操作条件下,通过比较已知纯物质和未知物的保留参数或在色谱图上的位置,即可确定未知物为何种物质。测量峰高或峰面积采用外标法、内标法或归一化法,可确定待测组分的质量分数。

一、归一化法

把所有出峰组分的含量之和按 100% 计的定量方法称为归一化法。其计算公式如下：

$$P_i = \frac{m_i}{m} \times 100\% = \frac{A_i f_i'}{A_1 f_1' + A_2 f_2' + \cdots + A_n f_n'} \times 100\% \tag{7-20}$$

式中，P_i 为待测组分 i 的百分含量；$A_1, A_2, \cdots, A_n$ 为组分 $1 \sim n$ 的峰面积；$f_1', f_2', \cdots, f_n'$ 为组分 $1 \sim n$ 的相对校正因子。当 f_i' 为相对质量校正因子时，得到质量百分数；当 f_i' 为相对摩尔校正因子时，得到摩尔百分数。

归一化法的优点是简单、准确，操作条件变化对定量结果影响不大。但是，此法在实际工作中仍有一些限制，比如样品的所有组分必须全部流出且出峰。对于某些不需要定量的组分，也必须测出其峰面积及 f_i' 值。此外，测量低含量物质尤其是微量杂质时，归一化法误差较大。

二、内标法

当样品各组分不能全部从色谱柱流出，或有些组分在检测器上无信号，或只需对样品中某几个出现色谱峰的组分进行定量时，可采用内标法。所谓内标法，是指将一定量的纯物质作为内标物加入准确称量的试样中，根据试样和内标物的质量以及待测组分和内标物的峰面积求出待测组分的含量。

待测组分与内标物质量之比等于峰面积之比，即

$$\frac{m_x}{m_s} = \frac{A_x f_x'}{A_s f_s'}$$

$$m_x = \frac{m_s A_x f_x'}{A_s f_s'}$$

式中，下标 s 代表内标物，x 代表待测组分。若试样质量为 m，则

$$P_x = \frac{m_x}{m} \times 100\% = \frac{m_s A_x f_x'}{m A_s f_s'} \times 100\% \tag{7-21}$$

使用内标法的关键是选择合适的内标物，它必须符合下列条件：

(1) 内标物应是试样中原来不存在的纯物质，其性质与待测组分相近，能完全溶解于样品中，但不能与样品发生化学反应。

(2) 内标物的峰位置应尽量靠近待测组分的峰，或位于几个待测组分的峰中间并与这些色谱峰完全分离。

(3) 内标物的质量应与待测组分的质量接近，且能保持色谱峰大小相近。

内标法的优点：①因为 m_x/m_s 比值恒定，所以，进样量不必准确。②该方法是通过测量 A_x/A_s 比值进行计算的，操作条件稍有变化，对结果没有影响，因此，定量结果比较准

确。③该方法适宜于低含量组分的分析，且不受归一法的局限。

内标法的主要缺点：①每次分析时都要用分析天平准确称量内标物和样品的质量，这对常规分析来说是比较麻烦的。②在样品中加入一个内标物，显然对分离度的要求比原样品更高。

三、外标法

外标法实际上就是常用的标准曲线法。首先，用纯物质配制一系列不同浓度的标准试样，在一定的色谱条件下准确定量进样，测量峰面积(或峰高)，绘制标准曲线。然后，进行样品测定(要在与绘制标准曲线完全相同的色谱条件下准确进样)，根据所得的峰面积(或峰高)，从曲线上查出待测组分的浓度。

【仪器与试剂】

1. 仪器

GC7890Ⅱ型气相色谱仪、FID检测器、1 μL微量注射器、SE-54毛细管柱(30 m×0.25 mm×1 μm)等。

2. 试剂

高纯氮气(99.99%)、高纯氢气(99.99%)、高纯空气、苯(色谱纯)、甲苯(色谱纯)、对二甲苯(色谱纯)及标准混合样(苯、甲苯、对二甲苯质量比为1∶1∶1)和混合苯系物样品(苯、甲苯和对二甲苯)。

【内容与步骤】

(1) 通氮气，启动主机。开启气源(高压钢瓶)，接通载气、燃气和助燃气。打开气相色谱仪主机电源和计算机电源开关，联机，打开色谱工作站。

(2) 设置色谱条件。按下表中的色谱条件进行设置。温度升至设定数值后，进行自动或手动点火。

	温度/℃	气体流量(针型阀圈数)	
气化室	200	氮气	4.5
柱室	90	空气	5.5
检测器	180	氢气	4.5

(3) 测试标准混合样(苯、甲苯、对二甲苯质量比为1∶1∶1)。待基线稳定后，用1 μL微量注射器取0.04 μL混合苯系物，注入色谱仪，重复3次，记录色谱图上各峰的保留时间。

(4) 测试苯、甲苯和对二甲苯纯试剂。在相同的色谱条件下，分别取少量(0.04 μL)苯、甲苯和对二甲苯，注入色谱仪，每种物质重复3次，记录色谱图上各峰的保留时间。

(5)测试混合苯系物样品。在相同的色谱条件下,分别取少量(0.04 μL)混合苯系物样品,注入色谱仪,重复3次,记录色谱图上各峰的保留时间。

(6)结束后退出。调节氢气、空气流量为零,随后关闭氢气、空气钢瓶,柱温和检测器温度降到50 ℃后关闭色谱仪,最后关闭氮气钢瓶。

【数据记录与处理】

1. 利用纯物质对照定性

项目	苯	甲苯	对二甲苯
平均保留时间/min			
标准混合样	峰1	峰2	峰3
平均保留时间/min			
定性结果			

2. 混合苯系物样品定量

项目	苯	甲苯	对二甲苯
平均峰面积/(mV·s)			
f'_i			
混合苯系物样品	苯	甲苯	对二甲苯
平均峰面积/(mV·s)			
相对含量/%			

3. 计算公式

$$P_i = \frac{A_i f_i}{\sum_{i=1}^{n} A_i f_i} \times 100\%$$

> **思考题**
>
> 1. 进样量是否要求非常准确?
> 2. 操作过程中有哪些注意事项?

➡ **知识链接**

一、分配系数 K 与分配比 k

(一)分配系数 K

吸附色谱的分离基于反复多次的吸附-脱附过程,而分配色谱的分离基于样品组分在固定相和流动相之间反复多次的分配过程。这种分离过程经常用样品分子在两相间的分配来描述,而描述这种分配的参数称为分配系数 K。它是指在一定的温度和压力下,组分在固定相和流动相之间分配达平衡时的浓度比值,即

$$K = c_s/c_m \tag{7-22}$$

分配系数是由组分和固定相的热力学性质决定的,它是每一个溶质的特征值,它仅与两个变量(固定相和温度)有关,与两相体积、柱管的特性以及所使用的仪器无关。

(二)分配比 k

分配比又称容量因子,它是指在一定的温度和压力下,组分在两相间分配达平衡时,分配在固定相和流动相中的质量比,即

$$k = m_s/m_m \tag{7-23}$$

k 值越大,说明组分在固定相中的量越多,相当于柱的容量大,因此,又称为分配容量或容量因子。它是衡量色谱柱对待分离组分保留能力的重要参数。k 值也取决于组分及固定相的热力学性质。它不仅随柱温、柱压的变化而变化,还与流动相及固定相的体积有关。

$$k = m_s/m_m = c_s V_s/c_m V_m \tag{7-24}$$

式中,c_s、c_m 分别为组分在固定相和流动相中的浓度,V_m 为柱中流动相的体积,近似等于死体积,V_s 为柱中固定相的体积。在各种不同类型的色谱中,V_s 有不同的含义。例如,在分配色谱中,V_s 表示固定液的体积;在尺寸排阻色谱中,V_s 则表示固定相的孔体积。

分配比可直接从色谱图中得到。

$$k = (t_R - t_0)/t_0 = t_R'/t_0 = V_R'/V_0 \tag{7-25}$$

(三)分配系数 K 与分配比 k 的关系

$$K = k\beta \tag{7-26}$$

式中，β 为相比率，是反映各种色谱柱柱型特点的一个参数。例如，对于填充柱，β 一般为 6~35；对于毛细管柱，β 为 60~600。

(四) 分配系数 K 及分配比 k 与选择因子 α 的关系

对于 A、B 两组分的选择因子，选择因子用下式表示：

$$\alpha = \frac{t_{R,B}'}{t_{R,A}'} = \frac{k_A}{k_B} = \frac{K_A}{K_B} \tag{7-27}$$

通过选择因子 α 可以将实验测量值 k 与热力学性质的分配系数 K 直接联系起来，对固定相的选择具有实际意义。如果两组分的 K 或 k 值相等，则 $\alpha=1$，两个组分的色谱峰必将重合。两组分的 K 或 k 值相差越大，则分离得越好，因此，两组分具有不同的分配系数是色谱分离的先决条件，如图 7-13 所示。

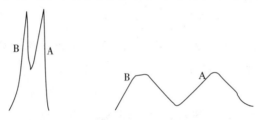

图 7-13　不同分配系数的组分色谱峰比较

由图可知，$K_A > K_B$，A 组分在移动过程中滞后。随着两组分在色谱柱中移动距离增加，两峰间的距离逐渐变大，同时，每一组分的浓度轮廓（区域宽度）也慢慢变宽。显然，区域扩宽对分离是不利的，但又是不可避免的。若要使 A、B 组分完全分离，则必须满足以下三点：

(1) 两组分的分配系数必须有差异。
(2) 区域扩宽的速率应小于区域分离的速度。
(3) 在保证快速分离的前提下，提供足够长的色谱柱。

前两点是完全分离的必要条件。因此，色谱理论不仅应说明组分在色谱柱中移动的速率，而且应说明组分在移动过程中引起区域扩宽的各种因素。塔板理论和速率理论均以色谱过程中分配系数恒定为前提，故称为线性色谱理论。

二、塔板理论

若将色谱柱比作一个精馏塔，沿用精馏塔中塔板的概念来描述组分在两相间的分配行为，同时引入理论塔板数作为衡量柱效率的指标，则可认为色谱柱是由一系列连续的、相等的水平塔板组成的。每一块塔板的高度用 H 表示，称为理论塔板高度，简称板高。

塔板理论假设：

(1)在柱内一小段长度 H 内，组分可以在两相间迅速达到平衡。这一小段柱长称为理论塔板高度(H)。

(2)以气相色谱为例，载气进入色谱柱不是连续进行的，而是脉动式的，每次进气为一个塔板体积(ΔV_m)。

(3)所有组分开始时存在于第 0 号塔板上，而且试样沿轴(纵)向扩散可忽略。

(4)分配系数在所有塔板上是常数，与组分在某一塔板上的量无关。

可以简单地认为，在每一块塔板上，溶质在两相间很快达到分配平衡，然后随着流动相按一个一个塔板的方式向前移动。对于一根长为 L 的色谱柱，溶质平衡的次数应为：

$$n = L/H \tag{7-28}$$

式中，n 称为理论塔板数。与精馏塔一样，色谱柱的柱效随理论塔板数 n 增加而增大，随板高 H 增大而减小。

塔板理论指出：

(1)当溶质在柱中的平衡次数，即理论塔板数 n 大于 50 时，可得到基本对称的峰形曲线。在色谱柱中，n 值一般很大，如气相色谱柱的 n 为 103~106，这时的流出曲线可趋近于正态分布曲线。

(2)样品进入色谱柱后，只要各组分在两相间的分配系数有微小差异，经过反复多次的分配平衡后，均可获得良好的分离效果。

(3)n 与半峰宽及峰宽的关系为：

$$n = 5.54 \times \left(\frac{t_R}{W_{1/2}}\right)^2 = 16 \times \left(\frac{t_R}{W}\right)^2 \tag{7-29}$$

式中，t_R 与 $W_{1/2}$、W 应采用同一单位(时间或长度单位)。从公式可以看出，t_R 一定时，色谱峰越窄，n 越大，柱效越高。

在实际工作中，由式(7-28)和式(7-29)计算出来的 n 和 H 值有时并不能充分地反映色谱柱的分离效能，因为采用 t_R 计算时，没有扣除死时间 t_m，所以，常用有效塔板数 $n_{有效}$、有效板高 $H_{有效}$ 表示柱效。

$$n_{有效} = 5.54 \times \left(\frac{t_R'}{W_{1/2}}\right)^2 = 16 \times \left(\frac{t_R'}{W}\right)^2 \tag{7-30}$$

$$H_{有效} = L/n_{有效} \tag{7-31}$$

由于在相同的色谱条件下，对不同的物质计算的塔板数不一样，因此，在说明柱效时，除注明色谱条件外，还应指出用什么物质进行测量。

【例 7-1】 已知某组分峰的峰宽为 40 s，保留时间为 400 s，计算此色谱柱的理论塔板数。

解：$n = 16 \times \left(\dfrac{t_R}{W}\right)^2 = 16 \times \left(\dfrac{400}{40}\right)^2 = 1600$

答：此色谱柱的理论塔板数为 1600。

塔板理论是一种半经验性理论，它用热力学的观点定量说明了溶质在色谱柱中移动的速率，解释了流出曲线的形状，并提出计算和评价柱效高低的参数。但是，色谱过程不仅受热力学因素的影响，还与分子的扩散、传质等动力学因素有关，因此，塔板理论只能定性地给出板高的概念，不能解释板高受哪些因素影响，也不能说明为什么在不同的流速下，可以测得不同的理论塔板数，因而限制了它的应用。

三、速率理论

1956 年，荷兰学者 Van Deemter 等在研究气液色谱时，提出了色谱过程动力学理论——速率理论。他们吸收了塔板理论中板高的概念，充分考虑了组分在两相间的扩散和传质过程，从而在动力学基础上较好地解释了影响板高的各种因素。该理论模型对气相、液相色谱都适用。Van Deemter 方程的数学简化式为：

$$H = A + B/u + Cu \qquad (7-32)$$

式中，u 为流动相的线速度；A、B、C 为常数，分别代表涡流扩散系数、分子扩散项系数和传质阻力项系数。

1. 涡流扩散项 A

在填充色谱柱中，当组分随流动相向柱出口迁移时，流动相受到固定相颗粒阻碍，不断改变流动方向，使组分分子在前进中形成紊乱的类似涡流的流动，故称涡流扩散。

由于填料颗粒大小不同、填充不均匀，组分在色谱柱中路径长短不一，因而同时进色谱柱的相同组分到达柱口的时间并不一致，引起色谱峰变宽。色谱峰变宽的程度由下式决定：

$$A = 2\lambda d_p \qquad (7-33)$$

上式表明，A 与填料的平均直径 d_p 的大小和填充不规则因子 λ 有关，与流动相的性质、线速度和组分性质无关。为了减少涡流扩散，提高柱效，使用细而均匀的颗粒并且填充均匀是十分必要的。对于空心毛细管，不存在涡流扩散，因此，$A = 0$。

2. 分子扩散项 B/u（纵向扩散项）

纵向分子扩散是由浓度梯度造成的。组分从柱入口加入，其浓度分布的构型呈"塞子状"。它随着流动相向前推进，由于存在浓度梯度，"塞子"必然自

发地向前和向后扩散,造成谱带展宽。分子扩散项系数为:

$$B = 2\gamma D_g \tag{7-34}$$

式中,γ是引起填充柱内流动相扩散路径弯曲的因素,也称弯曲因子,反映固定相颗粒的几何形状对自由分子扩散的阻碍情况;D_g为组分在流动相中的扩散系数(cm^3/s)。分子扩散项与组分在流动相中的扩散系数D_g成正比。D_g与流动相及组分性质有关。

(1)相对分子质量大的组分,D_g小,D_g与流动相相对分子质量的平方根成反比,所以,采用相对分子质量较大的流动相可使B降低。

(2)D_g随柱温增高而增加,但与柱压成反比。

另外,纵向扩散与组分在色谱柱内停留时间有关,流动相流速小,组分停留时间长,纵向扩散就大。因此,为降低纵向扩散影响,要加大流动相速度。对于液相色谱,组分在流动相中的纵向扩散可以忽略。

3. 传质阻力项 Cu

由于气相色谱以气体为流动相,液相色谱以液体为流动相,因此,它们的传质过程不完全相同。对于气相色谱,传质阻力系数C包括气相传质阻力系数C_g和液相传质阻力系数C_l两项。

$$C = C_g + C_l \tag{7-35}$$

(1)气相传质过程是指试样组分从气相移动到固定相表面的过程。这一过程中试样组分将在两相间进行质量交换,即进行浓度分配。有的分子还来不及进入两相界面,就被气相带走;有的分子则进入两相界面而来不及返回气相。因此,试样在两相界面上不能瞬间达到分配平衡,引起滞后现象,从而使色谱峰变宽。对于填充柱,气相传质阻力系数C_g为:

$$C_g = \frac{0.01 k^2}{(1+k)^2} \cdot \frac{d_p^2}{D_g} \tag{7-36}$$

式中,k为容量因子。由上式可以看出,气相传质阻力与填料粒度d_p的平方成正比,与组分在载气流中的扩散系数D_g成反比。因此,采用粒度小的填料和相对分子质量小的气体(如氢气)作载气,可使C_g减小,提高柱效。

(2)液相传质过程是指试样组分从固定相的气-液界面移动到液相内部,并发生质量交换,达到分配平衡,然后又返回气-液界面的传质过程。这个过程也需要一定的时间,气相中组分的其他分子仍随载气不断向柱口运动,于是造成峰形扩张。液相传质阻力系数C_l为:

$$C_l = \frac{2}{3} \cdot \frac{k}{(1+k)^2} \cdot \frac{d_f^2}{D_l} \tag{7-37}$$

由上式可以看出,固定相的液膜厚度d_f薄,组分在液相的扩散系数D_l大,则液相传质阻力小。降低固定液的含量,可以减小液膜厚度,但 k 值随之变小,又会使 C_l 增大。当固定液含量一定时,液膜厚度随载体的比表面积增大而减小,因此,一般采用比表面积较大的载体来减小液膜厚度。但是,比表面太大时,由于吸附造成拖尾峰,也不利于分离。虽然提高柱温可增大 D_l,但会使 k 值减小,为了保持适当的 C_l 值,应控制适宜的柱温。

四、分离度

分离度 R 是一个综合性指标。分离度既能反映柱效率,又能反映选择性,是总分离效能指标。分离度又叫分辨率,可定义为相邻两组分色谱峰保留值之差与两组分色谱峰宽总和之半的比值。

$$R = \frac{2(t_{R2} - t_{R1})}{W_1 + W_2} \tag{7-38}$$

R 值越大,表明相邻两组分分离程度越高。一般来说,当 $R<1$ 时,两峰有部分重叠;当 $R=1$ 时,分离程度可达 98%;当 $R=1.5$ 时,分离程度可达 99.7%。通常用 $R=1.5$ 作为相邻两组分已完全分离的标志。

【例 7-2】 物质 A 和 B 在 30 cm 长的色谱柱上的保留时间分别为 16.40 min 和 17.63 min。物质 A 和 B 的峰宽分别为 1.11 min 和 1.21 min。试求:

(1)分离度 R。

(2)柱平均理论塔板数 n_{av}。

(3)平均塔板高度 H_{av}。

解:(1)分离度 R:

$$R = \frac{2 \times (17.63 - 16.40)}{1.11 + 1.21} = 1.06$$

(2)柱平均理论塔板数 n_{av}:

$$n_A = 16 \times \left(\frac{16.40}{1.11}\right)^2 = 3.49 \times 10^3$$

$$n_B = 16 \times \left(\frac{17.63}{1.21}\right)^2 = 3.40 \times 10^3$$

$$n_{av} = \frac{3.49 \times 10^3 + 3.40 \times 10^3}{2} = 3.45 \times 10^3$$

(3)平均塔板高度 H_{av}:

$$H_{av} = \frac{L}{n_{av}} = \frac{30}{3.45 \times 10^3} = 8.7 \times 10^{-3} \text{(cm)}$$

练 习 题

一、名词解释

1. 载气
2. 分流进样
3. 不分流进样
4. TCD
5. ECD
6. FID
7. FPD
8. 程序升温
9. 载体
10. 固定液
11. 气相色谱
12. 噪声与漂移

二、单项选择题

1. 氢火焰离子化检测器使用氮气作载气,氢气作燃气,空气作助燃气,按以上顺序,三种气体比例约为(　　)。
   A. 1.5∶10∶1　　B. 1∶10∶1.5　　C. 10∶1.5∶1　　D. 1.5∶1∶10

2. 色谱峰面积可用于(　　)。
   A. 含量的测定　　B. 官能团的鉴别　　C. 计算保留值　　D. 判断含碳数

3. 气相色谱仪中起分离作用的部件是(　　)。
   A. 载气瓶　　B. 进样器　　C. 色谱柱　　D. 检测器

4. 气相色谱法对分离物中各组分的鉴别依据是(　　)。
   A. 保留值　　B. 分配系数　　C. 峰宽　　D. 塔板数

5. 分配柱和吸附柱的主要区别在于(　　)。
   A. 柱内径不同　　B. 柱长不同　　C. 柱的材料不同　　D. 固定相不同

6. 在色谱分析中,要使两组分完全分离,分离度应满足(　　)。
   A. $R<1$　　B. $R>1$　　C. $R=1$
   D. $R\leqslant 1.5$　　E. $R\geqslant 1.5$

7. 下列关于色谱法分析的说法中,正确的是(　　)。
   A. 组分的分配系数 K 越大,在柱中滞留的时间越长

B. 若混合样品中各组分 K 值都很大,则在柱中滞留的时间很短

C. 若混合样品中各组分 K 值相差很小,则分离较容易

D. 以上均不正确

8. 气液色谱中选择固定液的原则是(　　)。
   A. 相似相溶　　　B. 极性相同　　　C. 官能团相同　　　D. 活性相同

9. 色谱定量分析时,要求混合物中每一个组分都需出峰的方法是(　　)。
   A. 外标法　　　B. 内标法　　　C. 归一化法　　　D. 标准曲线法

10. 气相色谱仪开、关机操作的基本原则是(　　)。
    A. 先通电,后通气;先关电,后关气
    B. 先通气,后通电;先关气,后关电
    C. 先通气,后通电;先关电,后关气
    D. 先通电,后通气;先关气,后关电

11. 在气相色谱仪中,起检测作用的部件是(　　)。
    A. 净化器　　　B. 热导池　　　C. 气化室　　　D. 色谱柱

12. 从进样开始到惰性组分从柱中流出,呈现浓度极大值所需的时间称为(　　)。
    A. 保留时间　　　　　　　B. 死时间
    C. 调整保留时间　　　　　D. 死体积

13. 气化室的温度选择原则是:气化室温度应比样品组分中最高沸点高出(　　)。
    A. 5～10 ℃　　　B. 10～20 ℃　　　C. 30～50 ℃　　　D. 50～70 ℃

14. 色谱定量分析的依据是进入检测器的组分量与(　　)成正比。
    A. 峰宽　　　B. 保留值　　　C. 校正因子　　　D. 峰面积

15. 相对质量校正因子是组分 i 与标准物 s 的(　　)之比。
    A. 绝对质量校正因子　　　　B. 峰面积
    C. 质量　　　　　　　　　　D. 保留时间

16. 通常把色谱柱内不移动的起分离作用的固体物质叫作(　　)。
    A. 担体　　　B. 载体　　　C. 固定相　　　D. 固定液

17. 在气相色谱分析中,定性的参数是(　　)。
    A. 保留值　　　B. 峰高　　　C. 峰面积　　　D. 半峰宽

18. 下列对气相色谱温控原则的描述中,不正确的是(　　)。
    A. 气化室温度高于柱温　　　　B. 检测器温度高于柱温
    C. 柱温影响分离效果　　　　　D. 检测器温度最高

19. 气化室的作用是将样品瞬间汽化为(　　)。
    A. 固体　　　B. 液体　　　C. 气体　　　D. 水蒸气

20. 在气相色谱法中,氢火焰离子化检测器优于热导检测器的方面为(　　)。
    A. 装置简单化　　B. 灵敏度　　C. 适用范围　　D. 分离效果
21. 目前,在气相色谱中应用最为广泛的检测器是(　　)。
    A. TCD　　B. FID　　C. ECD　　D. FPD
22. 在气相色谱中,氢火焰离子化检测器主要测定的对象为(　　)。
    A. 通用型　　B. 无机物　　C. 有机物　　D. 小分子化合物

三、填空题

1. 一般气相色谱仪按其分析流程分为　　　　、　　　　、　　　　、
　　　　、　　　　、　　　　、　　　　、　　　　八个组成部分。
2. 气相色谱温度控制系统由　　　　、　　　　、　　　　组成。
3. 色谱定性分析方法主要有　　　　、　　　　、　　　　、　　　　。
4. 气相色谱仪的三种常用检测器是　　　　、　　　　、　　　　。
5. 柱温是影响色谱分离和分析效率的最重要参数,无论是填充柱,还是毛细管柱,若样品沸程不宽,则应尽可能采用　　　　操作。对于高沸点试样(300～400 ℃),柱温可比沸点低　　　　℃;对于沸点低于 300 ℃的试样,柱温可在比平均沸点低　　　　℃至平均沸点范围内。
6. FID 需使用 3 种气体,用　　　　作载气,　　　　作燃气,　　　　作助燃气。气体流量对检测器灵敏度有影响。通常氢气与氮气流量比为　　　　,空气流量是氢气的　　　　倍以上。

四、简答题

1. 简述色谱法和气相色谱法的原理。
2. 气相色谱法可以分为哪几类?
3. 进样系统的作用是什么?有哪几种进样技术?
4. 硅藻土载体可以分为哪几类?分别适合于分离什么类型的组分?
5. 简述气相色谱内标法对内标物的要求。
6. 简述载体和固定液选择的基本要求。
7. 试叙述 TCD、ECD、FID、NPD、FPD 检测器的结构与检测原理。
8. 如何选择适宜的色谱操作条件?应从哪几个方面着手?
9. 什么是程序升温?在什么情况下需进行程序升温?

五、计算题

1. 测定苯、甲苯、乙苯、邻二甲苯的相对校正因子的实验中,各组分的纯物质质量以及在相同的色谱条件下所得的色谱峰峰面积如下:

项目	苯	甲苯	乙苯	邻二甲苯
质量/g	0.5967	0.5478	0.6120	0.6680
峰面积/(mV·s)	1801	844	452	490
相对质量校正因子				

以苯为标准物质,求各组分相对于苯的相对质量校正因子。

2. 利用气相色谱法分析某混合物。柱长为 1 m,由色谱图上数据可知,空气峰距离为 5.0 mm,组分 2 距离为 7.2 cm,峰宽为 8.0 mm。求该色谱柱对组分 2 的理论塔板数 n 和塔板高度 H。

3. 根据下列实验结果求试样中各组分的质量分数。注:试样中只含下列四个组分。

项目	乙苯	对二甲苯	间二甲苯	邻二甲苯
色谱峰面积/(mV·s)	120	75	140	105
相对质量校正因子	0.97	1.00	0.96	0.98

4. 为测定某试样中苯酚的浓度,先配制苯酚的系列标准溶液,然后在一定条件下进样分析,得到如下数据:

项目	1	2	3	4	5	6	7	8	试样
浓度/(μg/L)	1	2	5	10	20	50	100	200	x
峰面积/(mV·s)	5.2	8.6	18.2	30.4	51.0	70.9	121	189	42.5

试根据以上数据,求出试样中苯酚的浓度。

5. 为分析某试样(不含环己酮)中乙酸的含量,称取 1.025 g 该试样,同时称取 0.2155 g 环己酮作内标加入其中,混合均匀后,吸取 5 μL 混合试样进样分析,测得色谱图上各物质的峰面积(任意单位)分别为 75(乙酸)和 125(环己酮)。已知它们的相对响应值分别为 0.562(乙酸)和 1.00(环己酮)。求试样中乙酸的质量分数。

(赵俊松 胡云飞)

第8章　高效液相色谱检测技术

知识目标

1. 了解高效液相色谱法的特点。
2. 熟悉化学键合相色谱法。
3. 了解其他高效液相色谱法。
4. 熟悉高效液相色谱法分离条件的选择方法。
5. 掌握高效液相色谱仪的组成和定量分析方法。

能力目标

1. 能熟练操作高效液相色谱仪。
2. 学会高效液相色谱仪分离参数的调节方法。
3. 能掌握高效液相色谱仪的分析技术。

高效液相色谱法(high performance liquid chromatography, HPLC)是20世纪60年代末期在经典液相色谱法基础上,引入气相色谱的理论和实验技术,以高压输送流动相,采用高效固定相及高灵敏度检测器发展而成的现代液相色谱分析方法。该方法具有分离效能高、选择性好、分析速度快、检测灵敏度高、自动化程度高和应用范围广等特点。

第1节　高效液相色谱仪性能检查及色谱柱参数的测定

【目的】

以苯、萘为样本测试高效液相色谱仪的性能参数。

【相关知识】

色谱定性参数有 t_R、t_R'、V_R、V_R',用同一实验条件下两组分保留时间之差(Δt_R)的相对标准差(RSD)来衡量定性重复性,一般要求小于1%。色谱定量参数有 A、h,用同一实验条件下两组分峰面积之比(A_1/A_2)的相对标准差(RSD)来衡量定量重复性,一般要求小于2%。

色谱柱的柱效参数有理论塔板数(n)、有效理论塔板数($n_{有效}$)、塔板高度(H)、有效塔板高度($H_{有效}$)和容量因子(k),分离参数有分配系数比(α)和分离度(R),计算公式如下:

$$n = 5.54\left(\frac{t_R}{W_{1/2}}\right)^2 \qquad n_{有效} = 5.54\left(\frac{t'_R}{W_{1/2}}\right)^2$$

$$H = \frac{L}{n} \qquad H_{有效} = \frac{L}{n_{有效}}$$

$$k = \frac{t'_R}{t_0} = \frac{t_R - t_0}{t_0} \qquad \alpha = \frac{k_2}{k_1}$$

$$R = \frac{1.177(t_{R2} - t_{R1})}{W_{1/2}^{(1)} + W_{1/2}^{(2)}}$$

其中,t_0是死时间,本实验中用苯磺酸钠测定,其极性大,在色谱柱上不保留。色谱柱的参数用5组数据的平均值计算。注意:各参数的单位要统一,塔板数要换算成每米塔板数。

【仪器与试剂】

1. 仪器

容量瓶(10 mL)、高效液相色谱仪(ODS柱;流动相为甲醇-水,体积比为80∶20;柱温为室温;检测波长为254 nm;流速为0.8 mL/min)等。

2. 试剂

苯(1 μg/mL)、萘(0.05 μg/mL)、苯磺酸钠(0.02 μg/mL)、乙醇溶液(用于测定死时间t_0)、甲醇、高纯水等。

【内容与步骤】

1. 操作前的准备

(1)仪器检查。检查仪器上所连的色谱柱能否用于该试验,安装色谱柱时应注意其进出口位置是否与流动相的流向一致,流动相的pH与所用色谱柱是否适应,仪器是否完好,各开关是否处于关断位置。

(2)流动相的制备。用色谱纯的试剂配制流动相;水应为新制备的高纯水(用超纯水器制得或用重蒸馏水)。凡规定pH的流动相,应使用精密pH计进行调节。流动相配好后应用适宜的0.45 μm微孔滤膜过滤,脱气。应配制足够量的流动相备用。

(3)供试品溶液的制备。按药品标准规定的方法配制。定量分析时,对照品溶液和供试品溶液应分别配制2份。供试品溶液注入色谱仪前,应经0.45 μm滤膜滤过,必要时样品需提取、净化。

(4)系统适用性试验。正式测定样品前要做系统适用性试验,即用规定的对照品对仪器进行试验和调整,以检查该系统的理论塔板数、分离度、重复性、拖尾因子是否符合《中国药典》的规定。

2. 高效液相色谱仪的基本操作方法

(1)泵的操作及色谱柱的平衡。该操作的目的是排除更换流动相时,使进入过滤器的气体尽快置换原有流动相。

①用流动相冲洗过滤器,再把过滤器浸入流动相中,打开泵的排液阀,设置高流速后启动泵。对于某些仪器,应先启动泵,再按冲洗键进行充泵排气,直至基线内无气泡,关泵或将流速调至分析数值,关闭排液阀。

②以分析流速对色谱柱进行平衡,同时观察压力,压力应稳定,用干燥滤纸片的边缘检查柱管各连接处,应无渗漏。初始平衡时间一般约需 30 min。如为梯度洗脱,则需设置梯度程序,用初始比例的流动相对色谱柱进行平衡。

(2)检测器的操作及色谱工作站相关参数的设定。

①开启检测器电源开关,选择检测波长。

②在色谱工作站中设定相关参数,如量程、最小峰面积等。

③进行检测器回零操作,基线稳定后方可进样。

(3)进样操作(六通阀进样器)。将进样器手柄置于载样位置,取样品溶液清洗注射器,再抽取适量注入。用定量管进样时,注射器进样量应不少于管容积的 5 倍;用微量注射器进样时,进样量不大于管容积的 50%。把注射器的平头针直插至进样器的底部,转动手柄时不能太慢。样品溶液注入后,不可立即取下注射器,将手柄转至进样位置,定量管内的样品溶样溶液即进入色谱柱。

(4)色谱数据的记录及处理。在进样的同时启动数据处理系统,便开始采集和处理色谱信息,待最后一个色谱峰出完,继续走一段基线,确认再无组分流出,方能结束记录。根据第一张预试色谱图,调整记录时间。

(5)清洗和关机。分析结束后先关检测器,再用经过滤和脱气的适当溶剂清洗色谱系统。正相柱一般用正己烷清洗,反相柱一般用甲醇清洗。如使用含酸、碱或盐的流动相,则将水相换为同比例纯水,再适当提高甲醇比例,最后用甲醇冲洗。各种溶剂的冲洗量一般为 20～30 倍柱体积(特殊情况适当增加)。冲洗结束后逐渐降低流速至零,关泵。进样器用甲醇冲洗。

(6)关闭电源,填写使用记录本,内容包括日期、样品、色谱柱、流动相、柱压、使用时间、仪器状态等。

3. 流量精度的测定

(1)观察流动相流路,检查流动相是否够用,废液出口是否接好。

(2)在指示流量为 1.0 mL/min、2.0 mL/min、3.0 mL/min 时测定流量。用 10 mL

容量瓶在出口处接收流出液,准确记录流出 10 mL 溶液所需的时间,换算成流速。重复 5 次,记录数据。

4. 基线稳定性(噪声和漂移) 的测定

仪器稳定后,记录基线 1 h。测定基线带宽为噪声。噪声带中心的起始位置与结尾位置之差为漂移。

5. 柱参数及仪器重复性的测定

待仪器基线稳定后,取苯-萘的乙醇溶液,进样 20 μL,重复 5 次,记录数据。以萘计算检出限,以 Δt_R 计算定性重复性,以峰面积比计算定量重复性。

【注意事项】

(1)更换进样溶液时,注射器应用待进样的溶液润洗 3 次。
(2)因样品溶液具有一定的毒性,操作时应注意安全,防止溶液溅出。

【数据记录与处理】

1. 流量精度数据表

指示流量	1.0 mL/min		2.0 mL/min		3.0 mL/min	
检测流量	10 mL 用时/min	mL/min	10 mL 用时/min	mL/min	10 mL 用时/min	mL/min
1						
2						
3						
4						
5						
平均值						
RSD						

2. 柱参数及仪器重复性测定数据表

	1	2	3	4	5	平均值	RSD
t_0							
$t_{R,苯}$							
$t_{R,萘}$							
Δt_R							
$A_{苯}$ 或 $h_{苯}$							
$A_{萘}$ 或 $h_{萘}$							

续表

	1	2	3	4	5	平均值	RSD
$A_苯/A_萘$ 或 $h_苯/h_萘$							
$W_{1/2,苯}$							
$W_{1/2,萘}$							

▶ 思考题

1. 分配系数比的意义是什么？其主要影响因素是什么？
2. 什么是分离度？如何提高分离度？
3. 为什么用保留时间之差即 Δt_R 测定重复性，用峰面积比计算定量重复性，而不单独用某一种组分的 t_R 和 A 来测定？
4. 如果定性或定量重复性不合格，试分析其原因。

▶ 知识链接

一、高效液相色谱法与经典液相色谱法的比较

经典液相色谱法采用普通规格的固定相及常压输送流动相，溶质在固定相中的传质、扩散速度缓慢，柱入口压力低，柱效低，分离周期长，因此，一般不具备在线分析特点，通常只作为分离手段使用。高效液相色谱法与经典液相色谱法相比具有下列优点：

(1) 分离效能高。应用颗粒极细（一般在 $10\ \mu m$ 以下）且规格均匀的高效固定相，使传质阻抗减小，柱效提高。

(2) 分析速度快。采用高压输液泵输送流动相，使流动相流速加快，一般试样的分析需数分钟，复杂试样需数十分钟。

(3) 灵敏度高。使用高灵敏度检测器，提高了检测灵敏度。例如，紫外检测器最低检出限可达 10^{-9} g，荧光检测器最低检出限可达 10^{-12} g。

二、高效液相色谱法与气相色谱法的比较

气相色谱法具有选择性高、分离效率高、灵敏度高等优点，但由于流动相为气体，要求分析对象必须在操作温度下能迅速气化且不分解，因而使气相色谱法的应用受到限制，仅适用于分析蒸气压低、沸点低的试样，而不适用于分析高沸点的有机物、高分子化合物和热稳定性差的化合物及生物活性物质。全部有机物中仅有20%的试样适用于气相色谱分析，而高效液相色谱法可弥补气相色谱法的不足之处，可对80%的有机物进行分离和分析。

(一)高效液相色谱法的优点

(1)应用范围广。高效液相色谱法的流动相为液体,不需要将样品气化,只要求样品能制成溶液,所以,其应用范围比气相色谱法广,对于沸点高、热稳定性差、高分子化合物及离子型化合物的分析尤为有利。

(2)流动相选择性高。可选用多种不同性质的溶剂作为流动相,流动相对样品分离的选择性影响很大,因此,分离选择性高。

(3)室温条件下操作。高效液相色谱法不需高温条件。

此外,高效液相色谱法容易收集柱后流出组分,这对提纯和制备足够纯度的样品十分有利。

(二)高效液相色谱法的局限性

(1)采用多种有机溶剂作为流动相,分析成本高于气相色谱法,且易引起环境污染。梯度洗脱操作比气相色谱法的程序升温操作复杂。

(2)缺少通用型检测器(如气相色谱法中使用的热导检测器和氢火焰离子化检测器)。近年来,蒸发激光检测器的应用日益广泛,有望发展成为高效液相色谱法的一种通用型检测器。

(3)不能代替气相色谱法,完成要求柱效高达 10 万块理论塔板数的复杂产品的分析。例如,对于组成复杂且具有多种沸程的石油产品,还必须采用毛细管气相色谱法。

(4)不能代替中、低压柱色谱法,在 200 kPa 至 1 MPa 柱压条件下,分析受压已分解、变性的具有生物活性的生化试样。

高效液相色谱法和其他常用的分析方法一样,不可能十全十美。使用者应在了解高效液相色谱法的特点、应用范围和局限性的前提下,充分利用高效液相色谱法的特点,使其在解决实际分析任务中发挥重要的作用。

> ▶ **知识拓展**
>
> 高效液相色谱法与药学
>
> 目前,高效液相色谱法是进行药品质量控制的主要方法之一,在《中国药典》(2015 年版)中应用极为广泛。在中药制剂分析中,高效液相色谱法是最常用的一种分析方法。

三、高效液相色谱检测技术的类型及原理

近年来,高效液相色谱法发展迅速,其主要类型与经典液相色谱法基本一致。除此之外,高效液相色谱法还有化学键合相色谱法、离子抑制色谱法、离子对色谱法、离子色谱法、亲和色谱法、手性色谱法等。其中,化学键合相色谱法在 HPLC 中应用最为广泛,因此,下面主要讨论化学键合相色谱法的原理和分离条件的选择。

(一)化学键合相色谱法

化学键合相色谱法由液-液分配色谱法发展而来,其固定相是将固定液的官能团通过化学反应键合到载体表面而制得的化学键合相,简称键合相。以化学键合相作为固定相,利用被分离物质在化学键合相和流动相中分配系数的不同,使组分得以分离的色谱方法,称为化学键合相色谱法,简称键合相色谱法(bonded phase chromatography,BPC)。

键合相对各种极性溶剂都有良好的化学稳定性和热稳定性。键合相色谱法具有柱效高、使用寿命长和重现性好等优点,几乎对各种类型的有机化合物都有良好的选择性,特别适用于 k 值范围宽的样品的分离,且可用于梯度洗脱操作,是应用最广泛的色谱法。

键合相色谱法的特点:①均一性和稳定性好,耐溶剂冲洗,使用周期长。②柱效高。③重现性好。④可使用的流动相和键合相种类很多,分离的选择性高。

根据键合相与流动相极性的相对强弱,键合相色谱法分为正相键合相色谱法和反相键合相色谱法。

1. 正相键合相色谱法

正相键合相色谱法的固定相极性比流动相极性强,固定相采用极性键合相,如氰基(—CN)、氨基(—NH$_2$)、二羟基等,键合在硅胶表面;以非极性或弱极性溶剂作流动相,常采用烷烃加适量极性调节剂,如正己烷-甲醇。该方法适用于分离溶于有机溶剂的极性或中等极性的分子型化合物。其分离机制主要是分配原理,即把有机键合层看作一层液膜,组分在两相间进行分配,极性强的组分分配系数(K)大,保留时间(t_R)长,后出柱。在正相键合相色谱法中组分保留和分离的一般规律是:极性强的组分分配比(k)大,后洗脱出柱。流动相的极性增大,洗脱能力增强,使组分分配比(k)减小,t_R 减小;反之,分配比(k)增大,t_R 增大。

2. 反相键合相色谱法

反相键合相色谱法的固定相极性比流动相极性弱,固定相采用非极性键合相,如十八烷基硅烷(ODS 或 C_{18})、辛烷基硅烷(C_8)等,有时也用弱极性或中等极性的键合相。流动相以水为基础溶剂,再加入一定量与水互溶的极性调节剂,常用甲醇-水和乙腈-水等。该方法适用于分离非极性至中等极性的分子型化合物。其分离机制有疏溶剂理论、双保留机制、顶替吸附-液相相互作用模型等。下面介绍疏溶剂理论。

反相键合相色谱法中溶质的保留行为主要是利用非极性溶质分子或溶质分子中非极性基团与极性溶剂接触时产生的排斥力,使溶质从溶剂中被"挤出",即产生疏溶剂作用,促使溶质分子与键合相表面非极性的烷基发生疏水缔合,使溶质分子保留在固定相中。可见,在反相键合相色谱法中,溶质的保留主要是由于溶质分子与极性溶剂分子间的排斥力,而非溶质分子与键合相间的色散力。

溶质分子的极性越弱,其疏溶剂作用越强,k 越大,t_R 越大。当溶质分子的极性一定时,若增大流动相的极性,则流动相对溶质分子的洗脱能力降低,溶质的 k 增大,t_R 增大。键合烷基的疏水性随碳链的延长而增加,使溶质的 k 增大。当链长一定时,硅胶表面键合烷基的浓度越大,溶质的 k 越大。

反相键合相色谱法是高效液相色谱法中应用最为广泛的一种方法,由其派生的离子抑制色谱法和反相离子对色谱法还可以分离有机酸、碱及盐等离子型化合物。据统计,反相键合相色谱法可以解决 80% 以上的液相色谱分离问题。正相键合相色谱法与反相键合相色谱法的对比见表 8-1。

表 8-1 正相键合相色谱法与反相键合相色谱法比较表

项目	正相键合相色谱法	反相键合相色谱法
固定相极性	中～强	弱～中
流动相极性	弱～中	中～强
组分洗脱次序	极性弱的先洗出	极性强的先洗出

(二)其他高效液相色谱法

1. 离子抑制色谱法

加入少量弱酸、弱碱或缓冲溶液,通过调节流动相的 pH,抑制组分的离解,增加组分与固定相的疏水缔合作用,改善峰形,以分离有机弱酸、弱碱的色谱方法称为离子抑制色谱法(ion suppressed chromatography, ISC)。离子抑制色谱法适用于分离 $3 \leqslant pK_a \leqslant 7$ 的弱酸及 $7 \leqslant pK_b \leqslant 8$ 的弱碱。

pH 变化会改变溶质的离解程度。在其他条件不变时,溶质的离解程度越大，k 值越小。一般情况下，对于弱酸，若减小流动相的 pH，则使弱酸的 k 增大、t_R 增大；但对于弱碱，则需增大流动相 pH，使 k 增大、t_R 增大。若 pH 控制不合适，溶质以离子态和分子态共存，则可能导致峰变宽和拖尾。

采用离子抑制色谱法时，流动相的 pH 须控制在 2~8，超出此范围可能导致键合相的基团脱落。实验结束后，应及时用不含缓冲盐的流动相冲洗，以防腐蚀仪器。

2. 离子对色谱法

离子对色谱法（ion pair chromatography，IPC）可分为正相离子对色谱法与反相离子对色谱法。因为前者很少使用，故本书只介绍后者。

反相离子对色谱法是把离子对试剂加入含水流动相中，待分析的组分离子在流动相中与离子对试剂的反离子（或称对离子）生成中性离子对，从而增加溶质与非极性固定相的作用，使分配系数增加，改善分离效果。该方法适用于分离有机酸、碱和盐，以及用离子交换色谱法无法分离的离子型或非离子型化合物，如生物碱类、儿茶酚胺类、有机酸类、维生素类和抗生素类物质。

在反相离子对色谱法中，溶质的分配系数取决于离子对试剂及其浓度和固定相、溶质的性质及温度。分析酸类或带负电荷的物质时，一般用季铵盐作离子对试剂，如四丁基铵磷酸盐；分析碱类或带正电荷的物质时，一般用烷基磺酸盐或硫酸盐作离子对试剂，如正庚烷基磺酸钠等。

离子对的形成依赖于组分的离解程度，当组分与离子对试剂全部离子化时，最有利于离子对的形成，此时组分的 k 最大。因此，流动相的 pH 对弱酸、弱碱的保留行为影响较大，对强酸、强碱的保留行为影响很小。

3. 离子色谱法

离子色谱法（ion chromatography，IC）是由离子交换色谱法派生出来的。一些常见的无机离子在可见或近紫外区没有吸收，很难用紫外-可见检测器进行检测。1975 年，Small 提出将离子交换色谱与电导检测器相结合分析各种离子的方法，并称其为离子色谱法。该方法适用于分离阴离子和阳离子，以及氨基酸、糖类、DNA 和 DNA 水解物等。

4. 亲和色谱法

许多生物分子之间都具有专一的亲和特性，利用或模拟生物分子之间的亲和专一性作用，从复杂试样中分离和分析能产生专一性亲和作用的物质的色谱方法，称为亲和色谱法（affinity chromatography）。例如，抗体与抗原、酶与底物、激素或药物与受体、RNA 与 DNA 等，它们之间多具有专一性亲和作用。

亲和色谱法的分离机理是基于试样中的组分与固定在载体上的配位基之

第8章 高效液相色谱检测技术

间的专属性亲和作用实现分离,是色谱法中选择性最高的一种分离方法,其回收率和纯化效率都很高,是对生物大分子物质进行分离和分析的重要方法。

第2节 对乙酰氨基酚片中对乙酰氨基酚的含量测定

【目的】

应用内标法测定对乙酰氨基酚片中对乙酰氨基酚的含量。

【相关知识】

测定原理:配制含有内标物(s)的对照品溶液和供试品溶液,在相同条件下,分别注入色谱仪进行分析。配制对照品溶液的目的实际上是用来测定校正因子,公式如下:

$$f = \frac{f'_i}{f'_s} = \left(\frac{c_i/c_s}{A_i/A_s}\right)_{对照} = \left(\frac{c_i/c_s}{A_i/A_s}\right)_{供试}$$

如果对照品溶液和供试品溶液中的内标物浓度相同,则按下式计算试样溶液中待测组分的浓度(内标法):

$$c_{i供试} = \frac{A_{i供试}/A_{s供试}}{A_{i对照}/A_{s对照}} c_{i对照}$$

【仪器与试剂】

1. 仪器

电子天平、容量瓶、移液管、高效液相色谱仪(ODS柱;流动相为甲醇-水,体积比为60∶40;流速为0.6 mL/min;检测波长为257 nm;柱温为室温)等。

2. 试剂

对乙酰氨基酚标准品、非那西汀标准品(内标物)、甲醇(色谱纯)、重蒸馏水、对乙酰氨基酚片等。

【内容与步骤】

1. 对照品溶液的配制

精密称取对乙酰氨基酚标准品约50 mg、内标物非那西汀标准品约50 mg,置于100 mL容量瓶中,加适量甲醇,振摇,使其溶解,稀释至刻度,摇匀。精密量取1 mL稀释液,置于50 mL容量瓶中,用流动相稀释至刻度,摇匀。

2. 供试品溶液的配制

取对乙酰氨基酚片 10 片,精密称定,研细。取样品细粉约 50 mg,精密称定,用甲醇提取,过滤,将滤液转移至 100 mL 容量瓶中。再取内标物非那西汀标准品约 50 mg,精密称定,置于上述容量瓶中,加适量甲醇,振摇,使其溶解,稀释至刻度,摇匀。精密量取 1 mL 稀释液,置于 50 mL 容量瓶中,用流动相稀释至刻度,摇匀。

3. 进样分析

用微量注射器吸取对照品溶液,进样 20 μL,记录色谱图,重复测定 3 次;以同样方法分析供试样溶液。

【数据记录与处理】

1. 数据记录

样品名称				仪器型号		
色谱柱				检测波长		
流动相				分离度		
柱效(n)				拖尾因子		
称配过程						

序号	对照品溶液				供试品溶液		
	A_i	A_s	A_i/A_s	f	A_i	A_s	A_i/A_s
1							
2							
3							
平均值							
相对平均偏差							
对乙酰氨基酚含量/(mg/片)							

2. 数据处理

$$f = \frac{f'_i}{f'_s} = \left(\frac{c_i/c_s}{A_i/A_s}\right)_{对照}$$

$$含量(mg/片) = c_{对照} \times \frac{A_{供试品}/A_{s供试品}}{A_{对照}/A_{s对照}} \times 稀释体积 \times \frac{平均片重}{W_{取样量}}$$

3. 结论

定量重复性:合格或不合格。

对乙酰氨基酚含量测定结果判断:符合规定或不符合规定。

【注意事项】

可通过选择适当长度的色谱柱,调整流动相中甲醇和水的比例或流速,使对乙酰氨基酚与内标物的分离度达到定量分析的要求。

思考题

1. 供试品溶液和对照品溶液中的内标物浓度是否必须相同?为什么?
2. 内标法有何优点?如何选择内标物?

知识链接

一、高效液相色谱检测技术的固定相及流动相

(一)固定相

高效液相色谱法的关键步骤是选择最佳的色谱操作条件,以实现最理想的分离效果,其中最关键的是固定相(或称填料)和流动相的选择,因为两者的性质直接影响柱效和分离度。

高效液相色谱法常用的固定相为反相、正相的化学键合相。键合相的优点包括:①使用过程中不流失。②化学稳定性好。③适用于梯度洗脱。④载样量大。根据键合基团的极性,可将其分为非极性键合相、中等极性键合相和极性键合相三类。

(1)非极性键合相。该键合相表面基团为非极性烷基,常用于反相键合相色谱法,如十八烷基硅烷键合相(C_{18}),它是以十八烷基氯硅烷与硅胶表面的硅羟基反应键合而成的。非极性键合相的烷基链长对组分的保留、选择性和载样量都有影响。烷基链长增加可使组分的 k 增大,改善分离选择性,提高载样量和稳定性。对于极性化合物,使用短链烷基键合相时分离速度快,可得到对称性较好的峰。

(2)中等极性键合相。该类键合相应用较少。常见的有醚基键合相,这种键合相可作为正相或反相色谱的固定相,视流动相极性而定。

(3)极性键合相。该键合相表面基团为极性较大的基团,如氰基(—CN)、氨基(—NH_2)等,是将氰乙硅烷基或氨丙硅烷基分别键合在硅胶上制成的,一般用作正相色谱法的固定相,有时也用于反相色谱。

(二)流动相

HPLC 对流动相的基本要求是:①化学稳定性好,不与固定相发生反应。②对试样有适宜的溶解度,要求 k 为 1~10,最好为 2~5。③与检测器相匹配,如用紫外检测器时,不能选用对紫外光有吸收的溶剂。④纯度高,黏度小。低黏度的流动相如甲醇、乙腈等,可以降低柱压,提高柱效。

在使用流动相之前,需用微孔滤膜(0.45 μm)滤过,以除去固体颗粒;还要进行脱气处理,因为气泡在色谱柱和检测器中会对分离和检测产生影响。

溶剂的配比影响流动相的洗脱能力,主要体现在保留时间的改变上。溶剂的种类影响流动相的选择性,主要体现在分离效果的改变上。

溶剂的洗脱能力与其极性直接相关。在正相键合相色谱法中,由于固定相为极性,因此,溶剂的极性越强,洗脱能力越强。在反相键合相色谱法中,由于固定相是非极性的,因此,溶剂的洗脱能力随溶剂极性的降低而增强。例如,水的极性比甲醇的极性强,在反相键合相色谱法中,甲醇的洗脱能力比水强,增大甲醇的比例,流动相的洗脱能力增强,k 和 t_R 减小。

不同种类溶剂的分子间作用力不同,有可能使被分离的两个组分的分配系数不等,即 $\alpha \neq 1$,所以,应采用选择性具有显著差异的溶剂配制流动相,从而获得理想的分离效果。反相键合相色谱法常选用甲醇、乙腈和四氢呋喃作为极性调节剂,水作为溶剂(洗脱强度较弱的溶剂)。一般情况下,甲醇-水能满足多数样品的分离要求,其黏度小且价格低,是反相键合相色谱法中最常用的流动相。正相键合相色谱法常选用乙醚、三氯甲烷和二氯甲烷作为极性调节剂,正己烷作为溶剂。

二、高效液相色谱仪

(一)输液系统

1.高压输液泵

高压输液泵的功能是以高压连续不断地将流动相输送到色谱流路系统,保证试样在色谱柱中完成分离。输液泵的性能直接影响整个仪器和分析结果的可靠性。对输液泵的要求是:①流量精度高且稳定。②流量范围宽且可调节。③能在高压下连续工作,输出压力一般为 20~50 MPa。④液缸容积小。⑤密封性能好,耐腐蚀。

目前,输液泵多用恒流泵中的柱塞往复泵,如图 8-1 所示。电动机带动凹轮转动,驱动柱塞在液缸内往复运动。当柱塞向前运动时,流动相输出,流向色谱柱；当柱塞向后运动时，流动相吸入缸体。如此前后往复运动，将流动相源源不断地输送到色谱柱中。柱塞往复泵具有很多优点，如流量不受柱阻等因素影响、易于调节控制流量、液缸容积小、便于清洗和更换流动相、适用于梯度洗脱等，但是，它的输液脉冲较大，单独一个泵腔无法满足溶剂传输系统的要求，连续性、稳定性都不符合标准。

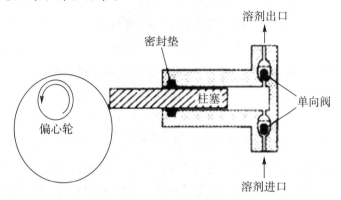

图 8-1　柱塞往复泵结构示意图

常采用串联柱塞泵并加脉冲阻尼器，以克服脉冲，如图 8-2 所示。泵 1 的活塞运动速度为泵 2 活塞的 2 倍，因此，在相同时间内，泵 1 提供的溶剂中一半直接供给系统，另一半被泵 2 吸入，稍后供给系统。

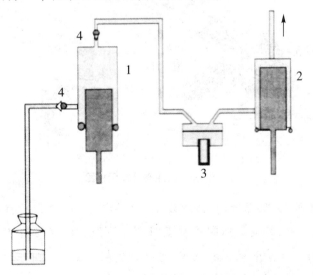

1—泵 1；2—泵 2；3—脉冲阻尼器；4—单向阀

图 8-2　串联柱塞泵结构示意图

2. 梯度洗脱装置

HPLC 洗脱技术有等强度洗脱和梯度洗脱两种。等强度洗脱是指在同一分析周期内流动相的组成保持恒定，适用于组分少、性质差别小的试样。梯度洗脱是指在分离过程中使用两种或两种以上不同极性的溶剂，按一定的程序连续改变它们之间的比例，从而使流动相的极性相应地发生变化，达到提高分离效果、缩短分析时间的目的。分析多组分、性质差别大的复杂试样时须采用梯度洗脱技术，使所有组分在适宜的条件下获得分离。梯度洗脱能缩短分析时间，提高分离度，改善峰形，不易引起基线漂移和重现性降低。

(二) 进样系统

进样器安装在色谱柱的进口处，其作用是将试样引入色谱柱。对进样器的要求是：密封性好，死体积小，重复性好，进样时对色谱系统的压力、流量影响小。进样器有进样阀和自动进样装置两种，一般 HPLC 分析常用带有定量管的六通阀，如图 8-3 所示。目前，较先进的仪器带有自动进样装置，有利于大量试样的分析。

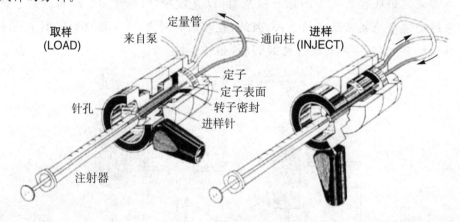

图 8-3　六通阀进样示意图

如图 8-3 所示，取样时，六通阀处于"LOAD"位置，用微量注射器将试样注入定量管；进样时，转动六通阀手柄至"INJECT"位置，定量管内的试样被流动相带入色谱柱。定量管的体积固定，可按需更换。自动进样装置可通过程序控制依次进样，同时还能用溶剂清洗进样器。

(三) 分离系统

色谱柱是高效液相色谱仪的重要部件，由柱管和固定相组成，它的作用是分离样品组分。色谱柱的柱管通常为内壁抛光的不锈钢管，几乎全为直形柱；

能承受高压,对流动相呈化学惰性。色谱柱按主要用途可分为分析型色谱柱和制备型色谱柱。常用分析柱内径为 2~5 mm,长为 10~30 cm。实验室制备柱的内径为 20~40 mm,柱长为 10~30 cm。而新型的毛细管高效液相色谱柱是由内径为 0.2~0.5 μm 的石英管制成的。色谱柱的填充均采用匀浆法,即先将填料用等密度的有机溶剂(如二氧六环和四氯化碳的混合液)调成匀浆,装入与色谱柱相连的匀浆罐,然后用泵将匀浆压入柱管。

装填好的色谱柱或购进的色谱柱,均应检查柱效,以评价色谱柱的质量。实验结束后需清洗和关机。

(四)检测系统

高效液相色谱仪检测器的作用是将组分的量(或浓度)转变为电信号,对检测器的要求是灵敏度高、噪声低、线性范围宽、重复性好、适用性广等。按其适用范围,检测器分为专属型检测器和通用型检测器两类。专属型检测器只依据某些组分的特殊性质进行检测,如紫外检测器、荧光检测器只能对有紫外吸收或产生荧光的组分有响应;通用型检测器适用于各种化合物的检测,对多种化合物有响应,如示差折光检测器和蒸发光散射检测器。

1. 紫外检测器

紫外检测器的测定原理是物质对特定波长紫外光的选择性吸收,且吸光度与组分浓度的关系服从朗伯-比尔定律。紫外检测器的灵敏度、精密度及线性范围都较好,也不易受温度和流速的影响,可用于梯度洗脱。但是,紫外检测器只能检测有紫外吸收的组分,且对流动相的选择有一定的限制,检测波长必须大于溶剂截止波长。紫外检测器有三种类型:固定波长型检测器、可变波长型检测器及二极管阵列检测器。

2. 荧光检测器

荧光检测器的测定原理是某些物质吸收一定波长的紫外光后能发射出荧光,且荧光强度与荧光物质浓度的关系服从朗伯-比尔定律。通过测定荧光强度可对试样进行检测,其特点是灵敏度高(检出限可达 10^{-10} g/mL)、选择性好。但是,并非所有的物质都能产生荧光,因而其应用范围较窄。

3. 示差折光检测器

示差折光检测器是通用型检测器,它是利用样品池和参比池之间折光率的差别来对组分进行检测的,测得的折光率差值与样品组分浓度成正比。每种物质的折射率都不同,原则上都可以用示差折光检测器来检测。示差折光检测器的主要缺点是折光率受温度影响较大,且检测灵敏度较低,不能用于梯度洗脱。

4. 蒸发光散射检测器

蒸发光散射检测器是通用型检测器,可以检测没有紫外吸收的有机物质,如人参皂苷、黄芪甲苷等。其工作原理是将流出色谱柱的流动相及组分先引入已通气体(常用高纯氮气)的蒸发室,加热,蒸发除去流动相,使样品组分在蒸发室内形成气溶胶,然后通入检测室,用强光或激光照射气溶胶,通过测定散射光强获得组分的浓度信号。

5. 安培检测器

安培检测器属于电化学检测器,它是利用组分在氧化还原过程中产生的电流或电压变化来对样品进行检测的,因而只适于测定具有氧化还原活性的物质,但测定的灵敏度较高,检出限可达 10^{-9} g/mL。

(五)数据记录及处理系统

高效液相色谱仪的数据记录及处理由微机完成,利用色谱工作站采集和分析色谱数据。许多色谱工作站都能给出峰宽、峰高、峰面积、对称因子、分配比、分离度等色谱参数。对于组成复杂的试样,需要使用"色谱专家系统"才能得出最佳分离条件。

> **知识拓展**
>
> **色谱专家系统**
>
> 色谱专家系统是一个智能程序系统,它拥有大量专家级的色谱领域专门知识及深厚的理论基础。色谱专家系统是色谱智能化的重要组成部分,运用了人工智能的理论和技术,可根据一个或多个色谱专家做决定的过程,解决色谱专家才能解决的色谱方法发展以及色谱图的定性、定量问题。色谱专家系统可以为使用者提供色谱柱系统选择、试样处理方式确定、色谱分离条件选择、定性和定量结果解析等帮助。

第3节　复方丹参片中丹参酮ⅡA的分离与含量测定

【目的】

应用外标一点法分离并测定复方丹参片中丹参酮ⅡA的含量。

【相关知识】

丹参酮ⅡA是复方丹参片的有效成分之一,控制丹参酮ⅡA的含量对确保该制剂的疗效有重要意义。进行外标一点法定量时,分别精密称取一定量的标准品和试样,配制成溶液,在完全相同的色谱条件下,对相同体积的标准溶液和试样溶液进行色谱分析,测定峰面积。

先利用标准溶液进行对比,求试样溶液中丹参酮ⅡA的浓度:

$$c_{试} = c_{标} \times \frac{A_{试}}{A_{标}}$$

再用下式计算复方丹参片中的丹参酮ⅡA含量:

$$丹参酮ⅡA含量(mg/片) = \frac{c_{试} \times V_{试} \times 10^{-3}}{W_{取样量}} \times 平均片重$$

其中,$c_{试}$为试样溶液待测组分的浓度($\mu g/mL$),$c_{标}$为标准溶液的浓度($\mu g/mL$),$V_{样}$为样品稀释体积,$W_{取样量}$为样品取样量(mg)。

【仪器与试剂】

1. 仪器

电子天平、容量瓶、移液管、锥形瓶、高效液相色谱仪(ODS柱;流动相为甲醇和水,甲醇与水的体积比为73∶27;检测波长为270 nm;流速为1 mL/min;进样量为20 μL;柱温为30 ℃)等。

2. 试剂

甲醇(分析纯)、甲醇(色谱纯)、重蒸馏水、丹参酮ⅡA标准品、复方丹参片等。

【内容与步骤】

(1)标准溶液的制备。取丹参酮ⅡA标准品适量,精密称定,置于棕色量瓶中,用甲醇溶解,制成1 mL含20 μg的溶液。

(2)试样溶液的制备。取复方丹参片10片,精密称定,去薄膜衣,研细,取1 g,精密称定后置于具塞棕色瓶中,精密加入甲醇 25.00 mL,密塞,称定重量,超声处理 15 min,放冷,再称定重量,用甲醇补足减失的重量,摇匀,过滤,取滤液置于棕色瓶中。

(3)进样分析。分别精密吸取标准溶液与试样溶液 10 μL,注入液相色谱仪测定,重复测定 3 次。

(4)结果计算。用外标一点法计算含量。

【注意事项】

(1)进样前分别将手柄置于"进样"及"载样"位置,用流动相冲洗六通阀。

(2)如使用 10 μL 定量管,则应注入约 50 μL 的进样溶液;如定量管为 20 μL,则用微量注射器准确吸取 10 μL 溶液注入进样器。

【数据记录与处理】

1. 数据记录

样品名称		仪器型号	
色谱柱		检测波长	
流动相		分离度	
柱效(n)		拖尾因子	
称配过程			

序号	标准溶液	试样溶液
	$A_{标}$	$A_{试}$
1		
2		
3		
平均值		
相对平均偏差		
复方丹参片含量/(mg/片)		

2. 数据处理

$$\text{丹参酮ⅡA 含量(mg/片)} = \frac{c_{标} \times A_{试}}{A_{标}} \times \frac{V_{试} \times 10^{-3}}{W_{取样量}} \times \text{平均片重}$$

3. 结论

定量重复性:合格或不合格。

复方丹参片含量测定结果判断:符合规定或不符合规定。

思考题

1. 外标法与内标法相比有何优缺点？
2. 若丹参酮ⅡA与相邻组分的分离度达不到定量分析的要求，则应采取哪些方法？
3. 若每片含丹参酮ⅡA不得少于0.20 mg，试分析该样品是否合格。

知识链接

一、高效液相色谱法的速率理论

高效液相色谱法的基本概念和理论与气相色谱法相似，如气相色谱法的塔板理论、速率理论、保留值与分配系数的关系、分离度等，都可应用于高效液相色谱法。不同的是，高效液相色谱法的流动相是液体，由于液体和气体的性质不同，因而速率理论的表达形式或参数的含义也有所不同。下面利用速率理论方程式（$H=A+B/u+Cu$）讨论各项动力学因素对高效液相色谱峰展宽的影响。

(一) 涡流扩散项(A)

涡流扩散项表现为因色谱柱内填料的几何结构不同，分子在色谱柱中的流速不同而引起的峰展宽。涡流扩散项$A=2\lambda d_P$，其中d_P为填料直径，λ为填充不规则因子。填充越不均匀，λ越大。HPLC常的用填料粒度一般为$3\sim10~\mu m$，最好为$3\sim5~\mu m$，粒度分布RSD≤5%。但粒度太小，难以填充均匀。总的来说，使用小粒度、球形、粒度均匀的固定相，采用匀浆法装柱可以减小A，有助于提高柱效。

(二) 纵向扩散项(B/u)

纵向扩散项又称为分子扩散项，表现为进样后溶质分子在柱内存在浓度梯度，导致轴向扩散而引起的峰展宽。纵向扩散项$B/u=2\gamma D_m/u$。u为流动相线速度。分子在柱内的滞留时间越长，展宽越严重。在低流速时，它对峰形的影响较大。D_m为分子在流动相中的扩散系数，由于液相的D_m很小，通常仅为气相的$10^{-5}\sim10^{-4}$，因此，在HPLC中，只要流速不太低，这一项可以忽略不计。γ是考虑到填料的存在使溶质分子不能自由地轴向扩散，而引入的柱参数，用于对D_m进行校正。γ一般为$0.6\sim0.7$。总之，HPLC中纵向扩散项对于色谱峰扩展的影响可以忽略不计。

(三)传质阻力项(Cu)

传质阻力项表现为溶质分子在流动相、滞留流动相和固定相中的传质过程引起的峰展宽。溶质分子在两相间的扩散、分配、转移的过程实际上不能瞬间达到平衡,即传质速度是有限的。这一时间上的滞后使色谱柱总是在非平衡状态下工作,从而产生峰展宽。HPLC 传质阻力(Cu)包括固定相传质阻力($C_s u$)、流动相传质阻力($C_m u$)和滞留流动相传质阻力($C_{sm} u$)。

(1)固定相传质阻力($C_s u$)。该阻力主要产生于液-液分配色谱,其大小取决于固定液膜厚度和组分在固定液中的扩散系数。在气相色谱中,固定相的传质阻抗起决定作用,即 $Cu=C_s u$。而在化学键合相色谱中,键合相多为单分子层,因此,液膜厚度可忽略,即固定相传质阻力可以忽略不计。

(2)流动相传质阻力($C_m u$)。由于在流路中心的流动相中的组分分子还未来得及扩散进入流动相和固定相界面,就被流动相带走,因此,总是比靠近填料颗粒与固定相达到分配平衡的分子移动得快些,结果引起峰展宽。

(3)滞留流动相传质阻力($C_{sm} u$)。固定相的多孔结构使部分流动相滞留在固定相微孔内,微孔内的流动相称为滞留流动相。它们通常处于静止状态,故有滞留流动相或静态流动相之称。流动相中的组分要与固定相进行质量交换,必须先扩散到微孔内。若固定相中的微孔多,且又小又深,则滞留严重,传质阻力增大,此时传质速率降低,使峰扩展。

由于 HPLC 中的传质阻力项(Cu)主要取决于流动相的传质阻力和滞留流动相的传质阻力,即 $Cu=C_s u+C_{sm} u$,因此,高效液相色谱法中的速率方程式应表示为:

$$H=A+C_s u+C_{sm} u$$

为了减小传质阻力,需要使用细颗粒的固定相、低黏度的流动相。HPLC 的实验条件是:①小而均匀的球形化学键合相。②低黏度的流动相。③流速不宜快,一般为 $1\ mL/min$。④柱温适当(温度与液体黏度成反比)。

二、正相键合相色谱法的分离条件

正相键合相色谱法一般以极性键合相为固定相,如氰基键合相、氨基键合相等。分离含双键的化合物常用氰基键合相,分离多官能团的化合物如甾体、强心苷及糖类等常用氨基键合相。

正相键合相色谱的流动相通常采用烷烃加适量极性调节剂,通过调节极性调节剂的比例来改变流动相的极性,使试样组分的 k 值为 $1\sim10$。若流动相的选择性不好,可以改变其组成,如使用三氯甲烷、二氯甲烷,或与正己烷组成二元或三元有相似极性的溶剂系统,以达到所需的分离效果。

三、反相键合相色谱法的分离条件

反相键合相色谱法常选用非极性键合相,用于分离非极性或中等极性的分子型化合物。C_{18} 是应用最广的非极性键合相,对于各类型的化合物均有很强的适应能力。短链烷基键合相可用于极性化合物的分离,苯基键合相适用于分离芳香族化合物以及多羟基化合物,如黄酮苷。

流动相以水为基础溶剂,加入甲醇、乙腈和四氢呋喃等极性调节剂。极性调节剂的性质以及与水的混合比例对组分的保留和分离选择性有显著影响。甲醇-水系统流动相黏度小、价格低,是反相色谱中最常用的流动相,能满足多数样品的分离要求。

练 习 题

一、单项选择题

1. 与 GC 相比,HPLC 可忽略纵向扩散项,主要原因是( )。
   A. 系统压力较高　　B. 流速比　　C. 流动相黏度大　　D. 柱温低
2. 在反相键合相色谱法中,固定相与流动相的极性关系是( )。
   A. 固定相的极性>流动相的极性　　B. 固定相的极性<流动相的极性
   C. 固定相的极性=流动相的极性　　D. 不一定,视组分性质而定
3. 在反相键合相色谱法中,流动相常用( )。
   A. 甲醇-水　　B. 正己烷　　C. 水　　D. 正己烷-水
4. 在正相键合相色谱法中,流动相常用( )。
   A. 甲醇-水　　B. 烷烃-醇类　　C. 水　　D. 缓冲溶液
5. 在反相键合相色谱法中,流动相的极性增大,洗脱能力( )。
   A. 减弱　　B. 增强　　C. 不变　　D. 无法确定
6. 下列哪种因素能使组分的保留时间变短?( )
   A. 降低流动相流速
   B. 增加色谱柱柱长
   C. 反相色谱流动相为乙腈-水,增加乙腈比例
   D. 正相色谱流动相为正己烷-二氯甲烷,增大正己烷比例

7. 用ODS柱分析弱极性物质,以甲醇-水为流动相时,样品的 K 值较小。若想增大 K 值,则应(　　)。
   A. 增加流速　　　B. 降低流速　　　C. 提高甲醇的比例　　D. 提高水的比例

8. 下列对反相键合相色谱法的描述中,不正确的是(　　)。
   A. 流动相为极性　　　　　　　　C. 适用于分离非水溶性的弱极性物质
   B. 固定相为非极性　　　　　　　D. 流动相极性增大,洗脱能力增大

9. 在反相键合相色谱法中,若以甲醇-水为流动相,增加甲醇的比例,则组分的分配比 k 与保留时间 t_R 有何变化?(　　)
   A. k 与 t_R 增大　　B. k 与 t_R 减小　　C. k 与 t_R 不变　　D. k 增大,t_R 减小

10. 欲测定一种有机弱碱($pK_a=4$),选用下列哪种色谱方法最为合适?(　　)
    A. 反相键合相色谱法　　　　　　B. 离子对色谱法
    C. 离子抑制色谱法　　　　　　　D. 离子色谱法

11. 可用作正相键合相色谱法固定相的是(　　)。
    A. ODS　　　B. 氨基键合相　　　C. 硅胶　　　D. 高分子多孔微球

12. 下述哪种固定相既可用于反相键合相色谱法,又可用于正相键合相色谱法?(　　)
    A. 苯基固定相　　B. 氰基固定相　　C. 醚基固定相　　D. 烷基固定相

13. 分离酸性离子型化合物时,应选用的离子对试剂是(　　)。
    A. 四丁基铵磷酸盐　　　　　　　B. 正庚烷基磺酸钠
    C. 磺酸钠　　　　　　　　　　　D. 磷酸铵

14. 在高效液相色谱法中,试样混合物在(　　)中被分离。
    A. 检测器　　　B. 记录器　　　C. 色谱柱　　　D. 进样器

15. 在高效液相色谱中,为了改变色谱柱的选择性,可以进行下列哪项操作?(　　)
    A. 改变流动相的组成或柱长　　　B. 改变固定相的组成或柱长
    C. 改变固定相和流动相的种类　　D. 改变填料的粒度和柱长

二、简答题

1. 高效液相色谱仪由哪些结构组成?分别有何作用?
2. 如何选择反相键合相色谱法的分离条件?
3. 简述 HPLC 和 GC 的区别。

三、计算题

1. 测定生物碱试样中黄连碱和小檗碱的含量:称取内标物、黄连碱和小檗碱标准品各 0.2000 g,配成混合溶液,测得峰面积分别为 3800、3430 和 4040。称取 0.2400 g 内标物和试样 0.8560 g,同法配制成溶液后,在相同色谱条件下测得峰面积为 4160、3710 和 4540。①内标物应符合哪些要求?内标法的特点是什么?②试计算黄连碱和小檗碱的校正因子。③计算试样中黄连碱和小檗碱的含量。

2. 某批次牛黄上清丸中黄芩苷的含量测定：取样品 1.0060 g，精密加稀乙醇 50 mL，称定重量，超声处理 30 min，水浴加热，回流 3 h，放冷，称定重量，用稀乙醇补足减失的重量，静置，取上清液，即得试样溶液。分别吸取黄芩苷标样溶液（61 μg/mL）及试样溶液 5 μL，注入 HPLC 仪进行测定。《中国药典》规定，每丸含黄芩以黄芩苷计，不得少于 15 mg。试分析该批次样品是否合格。（已知：$A_{试}=4728936$，$A_{标}=3884164$，平均丸重为 5.1491 g）

（刘　飞　胡云飞）

附 录

国际原子量表(2007)

(按照原子序数排列)

原子序数	元素符号	元素名称	原子量	原子序数	元素符号	元素名称	原子量
1	H	氢	1.00794(7)	19	K	钾	39.0983(1)
2	He	氦	4.002602(2)	20	Ca	钙	40.078(4)
3	Li	锂	[6.941(2)]	21	Sc	钪	44.95592(6)
4	Be	铍	9.012182(3)	22	Ti	钛	47.867(1)
5	B	硼	10.811(7)	23	V	钒	50.9415(1)
6	C	碳	12.0107(8)	24	Cr	铬	51.9961(6)
7	N	氮	14.0067(7)	25	Mn	锰	54.938045(5)
8	O	氧	15.9994(3)	26	Fe	铁	55.845(2)
9	F	氟	18.9984032(5)	27	Co	钴	58.933195(5)
10	Ne	氖	20.1797(6)	28	Ni	镍	58.6934(4)
11	Na	钠	22.98976928(2)	29	Cu	铜	63.546(3)
12	Mg	镁	24.3050(6)	30	Zn	锌	65.38(2)
13	Al	铝	26.9815386(2)	31	Ga	镓	69.723(1)
14	Si	硅	28.0855(3)	32	Ge	锗	72.64(1)
15	P	磷	30.973762(2)	33	As	砷	74.92160(2)
16	S	硫	32.065(5)	34	Se	硒	78.96(3)
17	Cl	氯	35.453(2)	35	Br	溴	79.904(1)
18	Ar	氩	39.948(1)	36	Kr	氪	83.798(2)

续表

原子序数	元素 符号	元素 名称	原子量	原子序数	元素 符号	元素 名称	原子量
37	Rb	铷	85.4678(3)	68	Er	铒	167.259(3)
38	Sr	锶	87.62(1)	69	Tm	铥	168.93421(2)
39	Y	钇	88.90585(2)	70	Yb	镱	173.054(5)
40	Zr	锆	91.224(2)	71	Lu	镥	174.9668(1)
41	Nb	铌	92.90638(2)	72	Hf	铪	178.49(2)
42	Mo	钼	95.96(2)	73	Ta	钽	180.94788(2)
43	Tc	锝		74	W	钨	183.84(1)
44	Ru	钌	101.07(2)	75	Re	铼	186.207(1)
45	Rh	铑	102.90550(2)	76	Os	锇	190.23(3)
46	Pd	钯	106.42(1)	77	Ir	铱	192.217(3)
47	Ag	银	107.8682(2)	78	Pt	铂	195.084(9)
48	Cd	镉	112.411(8)	79	Au	金	196.966569(4)
49	In	铟	114.818(3)	80	Hg	汞	200.59(2)
50	Sn	锡	118.710(7)	81	Tl	铊	204.3833(2)
51	Sb	锑	121.760(1)	82	Pb	铅	207.2(1)
52	Te	碲	127.60(3)	83	Bi	铋	208.98040(1)
53	I	碘	126.90447(3)	84	Po	钋	
54	Xe	氙	131.293(6)	85	At	砹	
55	Cs	铯	132.9054519(2)	86	Rn	氡	
56	Ba	钡	137.327(7)	87	Fr	钫	
57	La	镧	138.90547(7)	88	Ra	镭	
58	Ce	铈	140.116(1)	89	Ac	锕	
59	Pr	镨	140.90765(2)	90	Th	钍	232.03806(2)
60	Nd	钕	144.242(3)	91	Pa	镤	231.03588(2)
61	Pm	钷		92	U	铀	238.02891(3)
62	Sm	钐	150.36(2)	93	Np	镎	
63	Eu	铕	151.964(1)	94	Pu	钚	
64	Gd	钆	157.25(3)	95	Am	镅	
65	Tb	铽	158.92535(2)	96	Cm	锔	
66	Dy	镝	162.500(1)	97	Bk	锫	
67	Ho	钬	164.93032(2)	98	Cf	锎	

续表

原子序数	元素 符号	元素 名称	原子量	原子序数	元素 符号	元素 名称	原子量
99	Es	锿		109	Mt	鿏	
100	Fm	镄		110	Ds	鐽	
101	Md	钔		111	Rg	铊	
102	No	锘		112	Uub		
103	Lr	铹		113	Uut		
104	Rf	鿬		114	Uuq		
105	Db	𬭊		115	Uup		
106	Sg	𬭳		116	Uuh		
107	Bh	𬭛		118	Uuo		
108	Hs	𬭶					

注：( )表示原子量数值最后一位的不确定性。